核 电 站 安 全 文 化

主　编　马加群　李　日
副主编　谢　磊　张　煜

前　言

我国核电事业经历了从无到有、从小到大的发展过程。我国核电站建设突飞猛增，已全部建成并投入运营的核电站有4个，其中1个（秦山核电站）在浙江；正在建设的核电站有13个，其中1个（三门核电站）在浙江；正在筹建中的核电站有25个，其中2个（龙游核电站、苍南核电站）在浙江。

核电设备安装与维护专业是基于三门县职业中等专业学校与三门核电站建设单位校企合作"订单教育"新开发的中等职业教育专业。浙江省职成教教研室和三门县职业中等专业学校领导非常重视新开发专业的建设，目前已完成专业人才培养模式、课程设置的研究和专业教学指导方案的编制及部分教材的编写工作。

"安全第一，质量第一"是我国核电站工程建设的总方针。核电站建设企业对所有新入职的员工都要进行专业知识、专业技能、安全意识、质量意识培训，目的是加强人才队伍的建设，使他们不但具备过硬的专业技术能力，还具有良好的安全意识、质量意识，确保核电站建设万无一失。

核电设备安装与维护专业是培养核电站建设中所需的拥有熟练技术的工人，因此，在向学生传授专业知识、进行专业技能训练的同时，还要强化安全文化、质量意识的教育，让他们进入核电站建设企业后就能从事某一工种的工作。

《核电站安全文化》内容分为六章，第一章文化与核安全文化，第二章核安全文化的构建，第三章核电站建造阶段的安全文化，第四章核电站的安全性，第五章核电站运行阶段的安全文化，第六章核安全文化的推进。

《核电站安全文化》是中等职业学校核电设备安装与维护专业必修课

程，建议在核电设备安装与维护专业的第二学期开设，每周2课时，约需36课时。《核电站安全文化》还可作为“魅力之光”杯全国中学生核电科普知识竞赛参考用书之一。

《核电站安全文化》由马加群、李日、谢磊、张煜共同编写。在编写过程中我们得到了中核集团三门核电有限公司政工处、中国核工业第五建设公司三门核电站项目部工程技术人员的指导，在试教过程中曾在本校任职的余江妹对此书提出了许多修改意见，在此我们一并表示衷心的感谢。由于编者的水平有限，书中难免有错误和不妥之处，敬请读者批评指正。

编者

2017年9月

目　　录

第一章　文化与核安全文化

文化是人类精神财富和物质财富的总称，安全文化是存在于单位和个人中的种种素质和态度的总和。安全文化和其他文化一样，是人类文明的产物，企业安全文化为企业在生产、生活、生存活动中提供了安全生产的保证。

核电发展史上两起重大事故的发生，促使了核能界对核安全管理的进一步重视，在全面总结事故原因的基础上，形成了核安全文化理念。1986 年，国际核安全咨询组织为确保核电站安全提出了一套系统的完整的管理概念——核安全文化。核安全文化的提出使不同社会制度的国家、不同层次的组织和不同文化背景的员工们在确保核安全上有统一的行为准则。

第一节　文化与安全文化

安全是一种文化，是最原始的文化，是人类一切文化的始祖。在当今充满现代气息的浩如烟海的人类文化宝库中，安全文化是其重要的组成部分。安全文化是保护生产力、发展生产力的重要保障，是社会文明、国家综合实力的重要标志；它是当代科技开发与社会发展的基本准则，是人文伦理、文化教育等社会效力的体现；它是文学艺术、美学追求的崇高境界，是人性修养、行为规范、道德观念、价值观、人生观的哲学殿堂；它是保护人的身心健康，实现安全、舒适、高效活动的理论与实践指南；它是全人类获得高度物质文明和精神文明的国际规范及戒律标准。

一、文化

人类的文化是由全人类每一个具有社会属性和行为能力的成员共同创造并践行而产生的，人类的起源和发展与文化的起源和发展是同步的。从猿发展到人的过程中所使用的第一件工具就是人类进化的起点，也是文化进化的起点。

文化是一个非常广泛的概念。文化是一种社会现象，是人们长期创造形成的产物，文化也是一种历史现象，是社会历史的积淀物。文化是既凝结在物质之中又游离于物质之外的，它包括国家或民族的历史、地理、风土人情、传统习俗、生活方式、文学艺术、行为规范、思维方式、价值观念等，是人类之间进行交流且被普遍认可的一种能够传承的意识形态。

文化有广义文化和狭义文化之分。广义文化指人类在社会历史发展过程中所创造的物质财富和精神财富的总和，包括物质文化、制度文化和心理文化三个方面。物质文化是指人类创造的各种物质文明，包括交通工具、服饰、日常用品等，是一种可见的显性文化；制度文化和心理文化分别指生活制度、家庭制度、社会制度以及思维方式、宗教信仰、审美情趣，它们属于不可见的隐性文化，包括文学、哲学、政治等方面内容。狭义的文化是指人们普遍的社会习惯，如衣食住行、风俗习惯、生活方式、行为规范等。不同地域、不同民族、不同时代所形成的文化是不一样的，因此文化具有多样性。

二、企业文化

1. 企业文化的产生和发展

"企业文化"该词孕育于日本，成熟于美国，风靡了全世界。在中国最早传播于台湾，20 世纪 80 年代中期以后，"企业文化"一词开始在大陆一些报刊上出现，研究企业文化的组织也相继兴起，为企业文化在中国企业的应用、发展和传播打下了良好基础。

把企业文化当成一门科学来对待，有意识地对它进行研究并运用于企业管理实践，源于日本经济的迅速崛起和其对美国的挑战。

在 20 世纪 50 年代，日本开始从美国引进现代管理方法，60 年代实现了经济的起飞，创造了连续增长的奇迹。进入 20 世纪 80 年代以来，日本的经济力量出现在国际舞台，大有取代美国、欧洲之势。这一显著变化，引起美国政界和企业界的高度关注。

美国人认为，日本是个岛国，资源相对贫乏，国境内火山、地震不断，经济发展对外的依赖性很强，既不像中国拥有着光辉灿烂的民族文化，也无像欧洲的现代科学技术历史，而且还是第二次世界大战的战败国，不像美国在战争中赚得盘满钵满。但更让美国人匪夷所思的是日本的管理是向美国人学的，甚至自动化生产线也是从美国引进的，在不到20年的时间里，创造了如此让世人惊异的经济奇迹，究竟是什么力量支撑了日本经济的腾飞，日本成功的奥秘究竟源于什么呢？

从20世纪70年代末到20世纪80年代初，美国学者带着许多的疑问、抱着探究的眼光和心态，分期分批远渡重洋赴日本考察，研究美国输给日本的真正缘由。在这些美国学者中，不仅有管理学者，而且有社会学、心理学、文化学等多学科的学者和研究专家，他们的到来和研究成果的发表，掀起了美日两国比较管理学的研究热潮。

当初，美国学者考察研究的兴趣主要集中在企业管理方面，并针对美日两国不同管理模式进行了全面的比较研究。他们发现日本企业与美国企业之间一个最大的差别是日本企业的员工有“爱厂如家”的思想，而美国企业的员工却缺乏这种思想。而导致这种不同的原因，是美日两国不同管理模式背后的文化差异。因此，美国学者又把注意力集中在美日两国企业文化的比较研究方面，这大致经历了三个阶段，并出版了影响世界的重要企业文化专著。

第一阶段是企业综合管理研究，代表作是哈佛大学伏格尔教授的《日本名列第一》。美国全国广播公司电视节目曾用“日本能，为什么我们不能？”为标题播出与企业管理相关节目，引起了全美的强烈反响。

第二阶段是美日两国管理的比较研究，代表作有由斯坦福大学帕斯卡尔和哈佛大学阿索斯西教授合著的《日本企业管理艺术》、由美籍日本人威廉·大内著的《Z理论——美国企业如何迎接日本的挑战》。

第三阶段是深入改革的研究，主要目标是重建与美国文化相匹配的经营哲学和工作组织，恢复美国的经济活力，与日本一比高低。代表作有由哈佛大学迪尔教授和麦金塞咨询公司顾问肯尼迪合著的《公司文化》、由麦金塞公司顾问彼得斯和沃德曼合著的《追求卓越》等。

美国人的研究和他们决心重塑企业文化的举动,也深深地影响和刺激了日本人。面对美国人对日本企业文化的青睐,日本人感到他们对企业文化理论研究的薄弱与落后。于是,日本的学者也展开了一系列深入研究,代表作有由中野郁次郎所著的《企业文化进步论》和名和太郎的《经济文化》等。

美国学者和日本学者的研究和成果推广,宣告了企业文化研究的兴起,由此也形成了一个共同研究观点:强有力的企业文化是企业取得成功的新的"不二法门"。

世界各地,也正是在对这些研究成果的学习和传播过程中,不仅使企业文化的概念更加普及,而且使各类组织也越来越深刻地意识到企业文化在企业经营管理中的重要作用。在这个过程中不仅学术界的研究成果层出不穷,而且实践领域的经验总结也使人耳熟能详。诸如,休利特和帕卡德创立的"惠普之道"、韦尔奇在通用电气公司进行的"文化变革"、戴尔公司以客户为中心的企业文化、沃尔玛公司的营销文化、微软公司强调的"工作激情""善于学习和独立思考""危机意识"等等。在我国也有越来越多的企业认识到文化的重要作用,它们在实践中勇闯新路,不断探索企业文化建设的有效途径,并取得了令人欣喜的成效。例如,联想公司的创新文化、华为公司的"狼文化",尤其是海尔公司创造的具有中国特色的"H理论",其核心是主动变革内部的组织结构,使其适应员工的才干和能力,最终实现人企共赢,这使海尔走向了世界。

从发展过程来看,企业文化是指一个企业在长期生产经营过程中,把企业内部全体员工结合在一起的理想信念、价值观念、管理制度、行为准则和道德规范的总和。它以全体员工为对象,通过宣传、教育、培训、文化娱乐和交心联谊等方式,最大限度地统一员工意志,规范员工行为,凝聚员工力量,为企业总目标服务。因此,企业文化是企业的灵魂和精神支柱,是现代企业生存和发展的灵魂和动力。

2.企业文化的功能

企业文化在企业管理上有许多特定的功能。

(1)导向功能。企业文化能对企业整体和企业成员的价值及行为取向起引导作用。具体表现在两个方面:一是对企业成员个体的思想和行为起导向作用;二是对企业整体的价值取向和经营管理起导向作用。这是因为一个企业的企业文化一旦形成,它就建立起了自身系统的价值和规范标准,如果企业成员在价值和行为的取向方面与企业文化的系统标准产生悖逆现象,企业文化会对其进行纠正并将其引导到企业的价值观和规范上来。

(2)约束功能。企业文化对企业员工的思想、心理和行为具有约束和规范作用。企业文化的约束不是制度式的硬约束,而是一种软约束,这种约束产生于企业文化氛围、群体行为准则和道德规范之上。群体意识、社会舆论、共同的习俗和风尚等精神文化内容,会造成强大的使个体行为从众的群体心理压力和动力,使企业成员产生心理共鸣,继而达到行为的自我控制。

(3)凝聚功能。企业文化的凝聚功能是指当一种价值观被企业员工共同认可后,它就会成为一种黏合力,从各个方面把其成员聚合起来,从而产生一种巨大的向心力和凝聚力。企业中的人际关系受到多方面的调控,其中既有强制性的"硬调控",如制度、命令等;也有说服教育式的"软调控",如舆论、道德等。企业文化属于软调控,它能使全体员工在企业的使命、战略目标、战略举措、运营流程、合作沟通等基本方面达成共识,这就从根本上保证了企业人际关系的和谐性、稳定性和健康性,从而增强了企业的凝聚力。

(4)激励功能。企业文化具有使企业成员从内心产生一种高昂情绪和奋发进取精神的效应。企业文化把尊重人作为中心内容,以人的管理为中心。企业文化给员工多重需要的满足,并能用它的"软约束"来调节各种不合理的需要。所以,积极向上的理念及行为准则将会形成强烈的使命感、持久的驱动力,成为员工自我激励的一把标尺。一旦员工真正接受了企业的核心理念,他们就会被这种理念所驱使,自觉自愿地发挥潜能,为公司更加努力、高效地工作。

(5)辐射功能。企业文化一旦形成较为固定的模式,它不仅会在企业内部发挥作用,对本企业员工产生影响,而且还会通过各种渠道对社会产生影响。企业文化的传播将帮助企业树立良好公众形象,提升企业的知名度和美誉度。优秀的企业文化也将对社会文化的发展产生重要的影响。

(6)调适功能。调适就是调整和适应。企业各部门之间、员工之间,由于各种原因难免会产生一些矛盾，解决这些矛盾需要它们进行自我调节；企业与环境、与顾客、与企业、与国家、与社会之间都会存在不协调、不适应之处，这也需要进行调整和适应。企业哲学和企业道德规范使经营者和普通员工能科学地处理这些矛盾，自觉地约束自己。完美的企业形象就是进行这些调节的结果。调适功能实际也是企业能动作用的一种表现。

三、安全文化的发展

1.安全和安全文化

安全是从人身心需要的角度提出的，是针对人以及与人的身心直接或间接相关的事物而言的，安全不能被人直接感知，能被人直接感知的是危险、风险、事故、灾害、损失、伤害等。

安全文化是人类安全活动所创造的安全生产、安全生活的精神、观念、行为与物态的总和。主要包括安全观念、行为安全、系统安全、工艺安全等。安全文化在高技术含量、高风险操作型企业，如能源、电力、化工等行业内尤为重要。安全文化的核心是以人为本，这就需要将安全责任落实到企业员工的具体工作中，通过培育员工共同认可的安全价值观和安全行为规范，在企业内部营造自我约束、自主管理和团队管理的安全文化氛围，最终实现持续改善安全业绩、建立安全生产长效机制的目标。

2.人类安全文化的发展

人类安全文化伴随人类的生存而生存，伴随人类的发展而发展。其发展可分为四大阶段，如表1-1所示。

表1-1　人类安全文化的四大阶段

安全文化阶段	观念特征	行为特征
古代安全文化	宿命论	被动承受型
近代安全文化	经验论	事后型，亡羊补牢
现代安全文化	系统论	综合型，人、机、环、料和法(4M1E)对策
发展的安全文化	本质论	超前、预防

17世纪前,人类的安全观念是宿命论,行为特征是被动承受型。17世纪末期至20世纪初,人类的安全观念提高到经验论水平,行为方式有了"事后弥补"的特征;这种由被动式的行为方式变为主动式的行为方式,由无意识变为有意识的安全观念,是一种进步。20世纪50年代,随着工业的发展和技术的不断进步,人类对安全的认识进入了系统论阶段,从而在方法上能够推行安全生产与安全生活的综合型对策。20世纪50年代以来,人类对高技术的不断应用,如宇航技术、核技术、信息化技术的应用,使人类对安全的认识进入了本质论阶段,超前预防成为现代安全文化的主要特征;这种高技术领域的安全思想和方法论推进了传统产业和技术领域的安全手段和对策的进步。

3. 企业安全文化的产生与发展

20世纪初期,随着工业革命的兴起,工业机械开始大规模的推广、应用,早期的机械在设计中并不考虑操作的安全问题,所以伴随而来的是更多的工业安全事故,在这种情况下产生了事故频发倾向论,所谓事故频发倾向是指易于发生的、稳定的、自我的内在化倾向,根据这种理论,预防事故就是要找出这样的事故频发倾向者并开除其就可。

其后,安全工程师海因里希(Heinrich)调查了大量的工业事故统计得出,工业事故发生的直接原因98%可以归纳为人的不安全行为和物的不安全状态,并提出事故因果连锁论。

第二次世界大战中飞机的出现,推动了人机工程学在工业安全领域的研究,人们对事故致因理论提出了新的理论:轨迹交叉论和事故遭遇论,使预防事故的重点从人开始向物(设备)转移。

之后,更加复杂的设备、工艺和产品诞生了,人们在研制、使用和维护这些复杂系统的过程中,萌发了系统安全的基本思想;同一时期,本质安全的理念出现在工业安全领域。无论是系统安全还是本质安全,都提出了一个共同的观点:预防事故的主要责任在于产品的设计者,而非操作者或设备本身。

随后,管理失误论开始兴起,无论是博德(F. Bird)、亚当斯(Edward Adams)还是伍兹(Woods),其理论的一个共同点在于:预防工业事故的主要责任在于管理层。

此时苏联的切尔诺贝利核电站事故震惊全世界,为了解决核安全问题,国际原子能机构在1986年提出了“安全文化”这一概念。随后国际核安全咨询组(INSAG)提出了以安全文化为基础的安全管理原则,安全文化理念的发展不再局限于核安全领域。

从发展过程来看,企业安全文化是企业在长期生产经营活动中逐渐形成的或有目的的人为塑造的,为企业全体员工所认同、接受和遵循的,具有企业特色的安全生产与生活的精神、观念、行为及物态的总和。它基于“大安全观”和“大文化观”概念,在安全观方面包括企业安全文化、全民安全文化、家庭安全文化等;在文化观方面既包含精神、观念等意识形态的内容,也包含行为、环境、物态等实践及物质的内容。它强调以全面提高人的安全素质为核心,以具体的形式、制度和实体为表现载体,以对企业的安全生产系统进行全方位、立体式协调管理为任务目标,以最大限度地减少生产事故、保障企业安全生产为目的,在内涵和外延上具有明显的层次性和广泛性。企业安全文化是企业文化的重要组成部分。

【资料链接】

杜邦公司安全文化的四个发展阶段

杜邦公司安全文化的形成经历了四个发展阶段:

第一阶段:自然本能反应。处在该阶段的企业和员工对安全的态度仅仅是一种自然本能保护的反应,是一种被动的服从;安全缺少高级管理层的参与。

第二阶段:依赖严格的监督。处在该阶段的安全行为的特征是:各级管理层对安全责任做出承诺;员工执行安全规章制度是被动的。

第三阶段:独立自主管理。此阶段企业已具有良好的安全管理及体系,安全意识深入人心,员工把安全视为个人成就。

第四阶段:团队互助管理。此阶段员工不但自己遵守各项规章制度,而且帮助别人遵守;不但观察自己岗位上的不安全行为和隐患,而且留心观察他人岗位上的不安全行为;员工将自己的安全知识和经验分享给其他同事;关心其他员工的异常情绪,提醒其安全操作;员工将安全作为一项集体荣誉。

4. 企业安全文化的结构

企业安全文化可划分为四个层次，即物质层、行为层、制度层、精神层，如图 1-1 所示 。

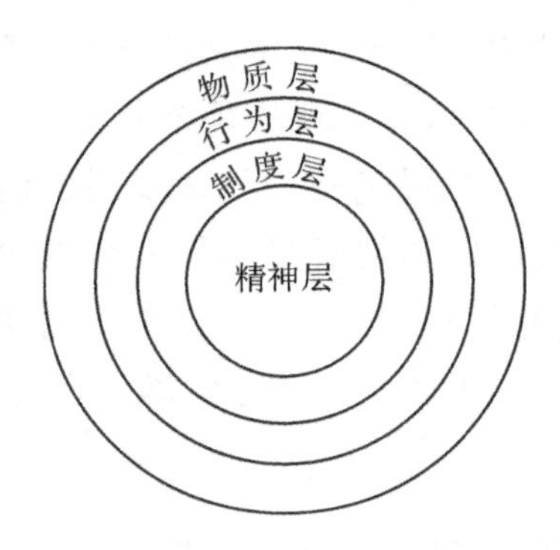

图 1-1　企业安全文化的结构

(1)安全文化的物质层。物质层是企业安全文化的最表层部分，是由企业员工创造的产品和各种物质设施等构成的。主要包括厂房、机器设备、辅助设备、厂容厂貌、内部网络和宣传媒介、员工的劳动环境和文化设施等等。它是形成安全文化制度层和精神层的基础条件，它所折射出的是企业的安全生产理念、思想、作风和意识等。

(2)安全文化的行为层。行为层是企业在生产经营过程中形成的行为原则、标准和模式，包括员工行为准则、生产经营活动、教育宣传活动、协调人际关系的活动和各种文体活动等。安全文化的行为层体现了企业管理者及员工在长期的安全管理实践中形成的基本经验，是企业经营作风、精神面貌、人际关系的动态体现，是企业精神、价值观的折射。

(3)安全文化的制度层。制度层是企业安全文化的中间层，主要是指对员工和企业组织的安全行为产生规范性、约束性影响的部分，它规定了企业成员在共同的生产经营活动中所应遵循的安全行为准则，是一种强制性文化。企业安全生产管理是针对生产中的安全问题，运用有效的资源进行相关的计划、组织、协调和控制活动，实现生产过程中人与设备、环境的和谐，保障生产人员免遭危险，保障设备的安全稳定运行，向用户提供充足可靠的产品，努力促进企业经济效益的提高。

(4)安全文化的精神层。精神层是指企业的领导和员工共同信守的安全基本准则、信念、安全价值和标准等，是企业安全文化的核心和灵魂，是形成企业安全文化制度层和物质层的升华。企业安全文化精神层的形成与否是衡量一个企业是否形成了自己的安全文化的标志。

物质层、行为层、制度层和精神层，这四个层次形成了企业安全文化由表层到深层的有序结构。其中，物质层是企业安全文化的外在表现，是精神层和制度层的物质载体，所表现的是企业安全文化的程度，构成企业安全文化的硬件外壳。行为层是一种处在浅层的活动，构成企业安全文化的软件外壳。制度层制约和规范着其他三个层次的建设，是企业安全文化的骨架，没有严格的规章制度，企业安全文化建设就无从谈起；精神层则是物质层、行为层和制度层的思想内涵，是企业安全文化的核心和灵魂。

四、企业安全生产的“五要素”及其关系

企业安全生产“五要素”是指：一是安全文化，即存在于单位和个人中有关安全问题的种种特性和态度的总和。二是安全法制，既建立安全生产法律法规和安全生产执法。三是安全责任，既安全生产责任制度的建立和落实。四是安全科技，既安全生产科学与技术研究与应用，要提高安全管理水平，必须加大安全科技投入，运用先进的科技手段来监控安全生产全过程。五是安全投入，既保证安全生产必需的经费，安全投入是安全生产的基本保障。它包括两个方面：一是人才投入，二是资金投入。如图 1-2 所示企业安全生产的“五要素”。

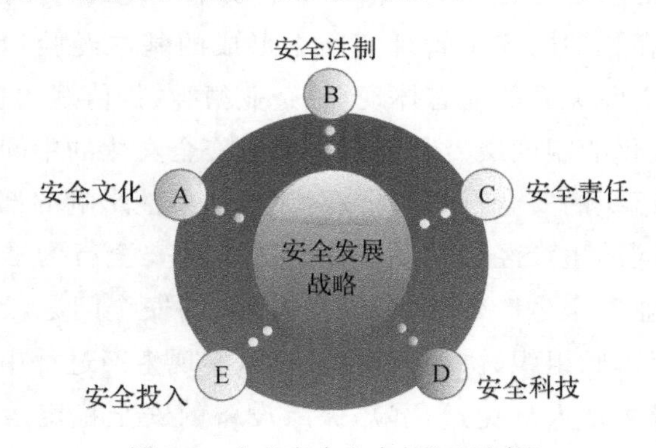

图 1-2　企业安全生产的“五要素”

安全文化是各要素之根本，安全法制是制度文化的典型形式，是安全制度文化的主体，安全责任体现在安全文化的各个层次，安全科技是安全文化的精华，安全投入是安全观念的行为表达。如图 1-3 所示是企业安全生产“五要素”之间的关系。

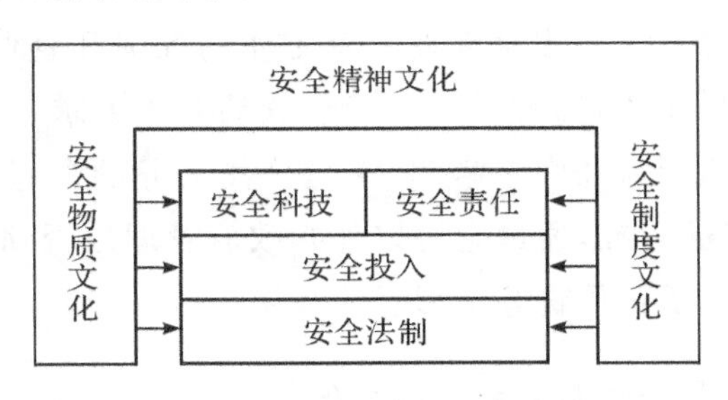

图 1-3　企业安全生产的“五要素”的关系

1. 安全文化是各要素之根本

安全文化不是一般意义上的安全宣教和承载宣教内容的各种媒体、文艺样式或主题活动等。安全文化的空间结构分为表层、中层和深层三个层次。表层安全文化是以物质或物化形态表现的，它是外显的，是摸得着、看得见的，例如安全防护用品等。中层安全文化是以人的行为活动或行为化的方式表现的，它不像表层文化那样外露，但也不像深层文化那样隐秘，虽然摸不着，但能看见或听见，例如安全法律法规和安全活动等。深层安全文化表现为人的意识形态，它是无形的、内隐的、不易觉察的，是人们对安全规律的认识和头脑中的各种安全观念。深层安全文化虽然是摸不着、看不见的，但它的各种信仰以及有关安全的理论、科学原理等，均反映在中层和表层文化中。例如，穿着符合标准的劳保服装从事生产操作是以行为活动方式表现出来的中层文化，可在这里面却能看出价值观念、审美观念等许多深层文化的内容。

深层安全文化的变化，是由社会存在决定的。例如事故频发、死伤率高，人们的安全意识会因此而增强，安全观念会有所更新，安全文化会有一个阶段性的顺利发展的机会；事故少发、伤亡率低，人们的安全意识会减弱，安全观念会淡化，安全文化会停滞不前。中华人民共和国成立以来所经历的五次事故高峰和安全监管机构的多次撤并与重建，就表明安全文化的发展受社会存在影响。

2.安全法制是制度文化的典型形式

安全法制处于安全文化的制度层次。首先,它是制度文化的典型形式,是安全精神文化的外化,也是安全行为文化的规范。其次,它是国家意志的体现。再次,它是政府管理安全工作的准绳和企业社会责任的底线,它规定企业存在的起码条件、生产经营的基本要求、市场准入的最低门槛、从业人员的行为准则。第四,它是公民义务的参考样本。第五,它是公众舆论监督的标准,通过它可以评判政府管理是否到位、企业自律是否合格、相关机构是否尽责等情形。

3.安全法制是安全制度文化的主体

安全法制是安全制度文化的主体,是人们行为的指南,它的决定因素是多数人认同的安全观念。在我国,它是“安全第一”的价值观念、尊重生命的道德观念、劳动保护的政治观念、安全生产的法制观念、以行为安全和文明卫生为美的审美观念的综合反映。其中既有对不安全行为的限制,也有对安全行为的倡导。在对不安全行为的限制方面,首先是通过制定标准进行界定,其次区分哪些应当禁止、哪些是一般的约束等。例如《安全生产法》规定,生产经营单位必须具备安全生产的基本条件,才能从事生产经营活动。这里所说的安全生产基本条件,指的就是有关安全的法律法规、国家标准和行业标准;对安全行为的倡导表现在鼓励开展多种形式的安全活动,制定开展这些活动的周期、开展活动的具体时间以及相应的内容等方面。例如,规定每年6月为“全国安全生产月”,每年3月最后一周的星期一为“全国中小学生安全教育日”,每年9月上旬为“全国交通安全宣传周”,每年11月9日为“全国消防宣传日”;规定新员工进厂必须接受“三级安全教育”;规定各类人员的安全职责,明确各类人员都要在自己的职责范围内对安全生产负责……这些都是受人的安全观念的支配,为了减少进而杜绝人们行为中的不安全因素,提高已养成的安全行为习惯的可靠性,通过观察、调研、起草、论证、征求意见、反复修改、会议通过等一系列行为而创制的安全制度和规范。它是安全中层文化的高级形式,它为安全行为文化(包括安全法制)的发展和繁荣提供了制度保障,把安全行为文化与生产经营活动融在一起,促进经济社会的全面发展。

当然，有关安全的行为规范除安全法律法规、标准制度外，还表现在人们的道德、风俗、习惯等许多方面，从而构成全面的、科学的、与时俱进的安全行为规范，并要求人人自律，确保安全。

4. 安全责任体现在安全文化的各个层次

从安全文化的空间结构看安全责任，它的位置主要在中层和深层文化里。

首先表现在行为文化里，以杜绝“三违”（违章指挥、违章操作、违反劳动纪律）为核心的各种行动，就是在履行安全责任。例如各级政府、各职能部门、各行各业的决策层召集安全会议，带队检查安全等；各级政府、各职能部门、各行各业的管理层按照分工在各自的职责范围内保质保量完成日常工作等；各行各业的操作层按照规章制度进行生产作业等；社会各界关注安全的各种实践活动等。现在，以落实安全责任为内容的安全行为已成为一种区别于其他行为的社会现象。这种现象分个人行为和集体行为，个人行为就是人们常说的“三不伤害”（不伤害自己，不伤害他人，不被他人伤害）；集体行为就是政府、社区、企业为达安全目的所开展的一切活动，如安全培训、安全检查、安全评估、安全制度的编写、安全法律的制定、安全文艺演出、有关安全的学术研讨、安全电视电话会议等。

其次就是制度文化。在制度文化里，有关安全责任的内容相当丰富。例如政府和政府有关机构的安全责任制，其中包括政府安全监管机构的责任和政府非安全机构的安全责任；受政府有关部门委托的中介机构的安全责任（咨询机构、评价机构、培训机构、宣传机构等）；科研机构的安全责任，包括安全科研机构的责任，非安全科研机构的安全责任；教育机构的安全责任，包括安全教育机构的责任，非安全教育机构的安全责任；还有社区（街道、村委会）的安全责任，企业安全生产责任等。

另外是表现在深层文化里的安全责任。例如在社会所倡导的个人道德观念里，关心人、爱护人、帮助人等；在对个人所期望的社会道德规范里，“三不伤害”就是最典型的例子。

5. 安全科技是安全文化的精华

安全科技影响着安全文化的品质和功能。安全科技在本质上处于文化的深层结构中，但在一般情况下，在安全文化的各个层次中都能见到它。安全科研活动是安全行为文化的重要内容；安全科研成果是安全文化的精华，是对安全精神文化的继承和发扬、创新和发展，同时也使安全文化的空间层次更加丰满，使实现安全的手段更加可靠。

在物质层次上，各种用于安全目的先进工具和设施都是物化了的安全科技成果。安全物态文化是安全文化的表层部分，是人们受安全观念的影响所进行的有利于自己的身心安全与健康的行为活动的产物，它能折射出安全观念文化的形态。因此，从安全物态文化中往往能看见组织或单位领导对安全的认识程度和行为态度，这反映出企业安全管理的理念和方法是否科学，体现整体的安全行为文化的成效是否显著。生产生活过程中的安全物态文化表现在：一是人的操作技术和生活方式与生产工艺和作业环境的本质安全性；二是生产生活中所使用的技术和工具等人造物及与自然环境相适应的安全装置、仪器仪表、工具等物态本身的安全可靠性。

在行为层次上，各种操作动作更有益于人的健康，各种设计、施工和验收行为等都更符合自然法则、更加人性化。在我们这个现代文明还有盲区，不讲科学的迷信活动仍有市场的发展中国家，在工业化程度不高，农业仍很落后的情况下，需要倡导的安全行为是：进行科学的安全思维；强化高质量的安全学习；执行严格的安全规范；进行科学的领导和指挥；掌握必需的应急自救技能；尊重因安全的需要而出现的各种活动，抓住机会因势利导，开展科学的安全防灾引导；进行合理的安全操作等。

在制度层次上，安全法律、法规、标准的制定更科学，科技含量更高。科学的安全制度文化与安全行为文化一样，在安全文化的空间结构中，同处中层位置，但它在时间上滞后于行为文化，因为它产生于人们的行为活动，是人们行为活动中有利于安全的成分被总结提炼的产物，它的作用是对人们的安全行为进行规范。安全制度文化是社会化大生产不可缺少的软件。它对社会组织和各类人员的行为具有规范、约束和影响的作用，所以有学者又把它叫作管理文化。安全制度文化的建设内容包括：①建立法制观念、强化法制意识、端正法制态度；②科学地制定法律法规、规章标准；③严格的执法程序和自觉的执法行为等。同时，安全制度文化还包括行政手段的改善和合理化，经济手段的建立与强化等。

在精神层次上，安全观、安全哲学、和谐社会的构想和科学发展观等成为主导思想。科学的安全观念文化是指被决策者和大众共同接受的符合客观规律的安全意识、安全理念、安全价值标准。安全观念文化是安全文化的核心和灵魂，是形成和发展安全物态文化，促进并提高安全行为文化和安全制度文化的内因。联系我国社会政治经济的大背景——计划经济的惯性与市场经济的不完善，全面小康的发展目标与重生产轻安全的现实，加入世界贸易组织（WTO）的承诺与面对问题的投鼠忌器——我们需要建立的安全观念文化是：以人为本、生命至上，安全第一、预防为主，安全就是效益，安全就是最大的内需，安全生产就是经济增长点，讲安全就是有人性的观点等；以及未雨绸缪的意识，自我保护意识，科学防范意识，等等。总之，要尊重国情，开展利于每个人发展的积极的安全科研，并促进安全科研成果的应用；同时更多地借鉴世界各地的最佳安全科研成果，以造福广大劳动者。

6. 安全投入是安全观念的行为表达

安全投入是某种安全观念的行为表达，或者说是受某种安全观念所支配的行为选择。这一选择是对人的身心健康和安全需要的积极肯定和有益促进；安全投入在一定程度上也反映了安全文化在物质层次和制度层次的状况。因此，为了使安全投入有保障，除了创造物质条件外，还要建立切合实际，具有可操作性的制度，并将其约定为必须承担的社会责任。

安全投入是一种以公益为主的高层次的安全行为，是现代文明和安全制度文化的基本内容，是建设安全物质文化的保障，也是开展安全科研，应用安全科研成果的保障，而这一切都必须建立在正确的安全观念文化的基础之上，才有可能变为现实。

在我国，正确的安全观念被《宪法》表述为：加强劳动保护，改善劳动条件。这样的表述不仅表明我国在安全方面的意识形态，同时也确定了我国在安全方面的社会制度。因此，我国在安全投入方面具有最好的社会条件，它可以克服经济条件的局限，尽最大的努力确保劳动者的安全健康。

当前，我国实行的是社会主义市场经济，按照《宪法》规定，“国家依法禁止任何组织或者个人扰乱社会经济秩序”。这对不重视安全投入的人是一个警告，因为市场经济是法制经济，市场的每个参与者都应依法经营，如果市场参与者中有因安全投入不足达不到安全生产条件而参与竞争的，这种情形不单是违反了安全生产的法律法规，还违反了《宪法》，是一种应该被禁止的"扰乱社会经济秩序"的行为。鉴于我国目前仍是以公有制经济为主体，可以考虑建立多元化的安全投入机制，即国家、企业、社会，甚至个人有机结合的投入机制；但企业是安全投入的主体。中央和地方政府要支持困难企业的安全设备准备和技术改造，困难企业要有治理事故隐患的措施计划，并严格执行。社会团体和个人公益性投入也是重要的方式，同时要重视发展社会保障和商业保险事业，使安全投入的保障有多种方式和渠道。

【资料链接】

杜邦公司十大安全理念

1.所有的安全事故都是可以防止的；
2.各级管理层对各自的安全直接负责；
3.所有的安全操作隐患都是可以控制的；
4.安全是被雇用的条件；
5.员工必须接受严格的安全培训；
6.各级主管必须进行安全检查；
7.发现安全隐患必须及时消除；
8.工作外的安全和工作内的安全同样重要；
9.良好的安全就是一门好的生意；
10.员工的直接参与是关键。

五、企业安全文化建设的主要途径

1.坚持强化现场管理

一个企业的生产是否安全，首先表现在生产现场，现场管理是安全管理的出发点和落脚点。员工在企业生产过程中不仅要合理利用自然环境和机械设备，而且还要同自己的不良行为做斗争。因此，必须加强现场管理，搞好环境建设，确保机械设备安全运行。同时要加强员工的行为控制，健全安全监督检查机制，使员工在安全、良好的作业环境和严密的监督监控管理下，没有违章的条件。为此，要搞好现场文明生产、文明施工、文明检修的标准化工作，保证作业环境整洁、安全。规范岗位作业标准化，预防人的不安全因素，使员工做标准活、放心活、完美活。

2. 坚持安全管理规范化

人的行为习惯的养成，一靠教育，二靠约束。约束就必须有标准、有制度，建立健全的安全管理制度和安全管理机制，这是搞好企业安全生产的有效途径。首先，要健全安全管理法规，让员工明白什么是对的，什么是错的，应该做什么，不应该做什么，违反规定会受到什么样的惩罚，使安全管理有法可依，有据可查。对管理人员、操作人员，特别是关键岗位、特殊工种人员，要进行强制性的安全意识教育和安全技能培训，使员工真正懂得违章的危害及后果，提高员工的安全意识和技术素质。解决生产过程中的安全问题，关键在于落实各级干部、管理人员和每个员工的安全责任制。其次，要在管理上实施行之有效的措施，从公司到车间、班组建立一套层层检查、鉴定、整改的预防体系，公司要成立由各专业的专家组成的安全检查鉴定委员会，定期对公司重点装置进行一次检查，并对下属企业提出的安全隐患项目进行鉴定，分公司级、厂级整改项目进行归口及时整改。各分厂也应相应成立安全检查鉴定组织机构，每月对所管辖的区域进行安全检查，并对各车间上报的安全隐患项目进行鉴定，分厂级、车间级整改项目，落实责任人进行及时整改。车间成立安全检查小组，每周对管辖的装置(区域)进行一次详细的检查，能整改的立即整改，不能整改的上报分厂安全检查鉴定委员会，由上级部门鉴定并进行协调处理。同时，重奖在工作中发现和避免重大隐患的员工，调动每一个员工的积极性，形成一个从上到下的安全预防体系，从而堵塞安全漏洞，防止事故的发生。

3. 坚持不断提高员工整体素质

不断提高员工素质是企业发展的动力和源泉。只有高素质的人才、高质量的管理、切合企业实际的经营战略，才能在激烈的市场竞争中立于不败之地。因此，企业安全文化建设，要在提高人的素质上下功夫。近几年来，企业发生的各类安全事故，大多数是由于员工存在侥幸、盲目、习惯性等心理造成的。这就需要从思想上、心态上去宣传、教育、引导，使员工树立正确的安全价值观，这是一个微妙而缓慢的心理过程，需要我们做艰苦细致的教育工作。提高员工安全文化素质的最根本途径就是根据企业的特点，进行安全知识和技能教育、安全文化教育，以创造和建立保护员工身心安全的安全文化氛围为首要条件。同时加强安全宣传，向员工灌输“以人为本，安全第一”“安全就是效益，安全创造效益”“行为源于认识，预防胜于处罚，责任重于泰山”“安全不是为了别人，而是为了你自己”等安全观，树立“不做没有把握的事”的安全理念，增强员工的安全意识，形成人人重视安全，人人为安全尽责的良好氛围。

4.坚持开展丰富多彩的安全文化活动

企业要增强凝聚力，当然要靠经营上的高效益和员工生活水平的提高，但心灵的认可、感情的交融、共同的价值取向也必不可少。开展丰富多彩的安全文化活动，是增强员工凝聚力，培养员工安全意识的一种好形式。因此，要广泛地开展认同性活动、娱乐性活动、激励性活动、教育活动；张贴安全标语、提合理化建议；举办安全论文研讨、安全知识竞赛、安全演讲、事故安全展览等活动；建立光荣台、违章人员曝光台；评选最佳班组、先进个人；实行安全考核，一票否决制。通过各种活动向员工灌输和渗透企业安全观，取得广大员工的认同。对开展的“安全生产年”“百日安全无事故”“创建平安企业”等一系列活动，都要与实际相结合，其活动最根本的落脚点都要放在基层车间和班组，只有基层认真地按照活动要求结合自身实际，制定切实可行的实施方案，扎扎实实地开展、不走过场才会收到实效，才能使安全文化建设尽善尽美。

5.树立大安全观

企业发生事故，绝大部分是由于员工的安全意识淡薄造成的，因此，以预防人的不安全生产行为为目的，从安全文化的角度要求人们建立安全新观念。比如上级组织安全检查是为了帮助下级查处安全隐患，预防事故，这本是好事，可是下级往往百般应付，恐怕查出什么问题，就是真的查出问题也总是想通过走关系，大事化小、小事化了。又如安监人员巡视现场本应该是安全生产的“保护神”，可是现场管理者和操作人员利用“你来我停，你走我干”的游击战术来对付安监人员。还有，本来“我要安全”是员工的内在需要，可现在却变成了管理者强迫被管理者必须完成的一项硬性指标……上述的错误观念一日不除，正确的安全理念就树立不起来，安全文化建设就永远是空中楼阁。我们应利用一切宣传媒介和手段，有效地教育和影响公众，建立大安全观，通过宣传教育，使人人都熟悉科学的安全观、职业伦理道德、安全行为规范，掌握自救、互救应急的防护技术。

第二节　核安全文化的产生和发展

国际核电发展史上的两起事故，直接导致了核安全管理思想的变化，推动了核安全文化的产生和发展。随着核电站事业蓬勃发展，核安全文化越来越突显其重要性，安全文化的发展又极大地促进了核电事业的发展。核安全文化的建设已经成为核电事业发展的基础工作。

中国的核电站现在处于高速发展的阶段，只有建设完善的中国核安全文化，才能保证中国核电事业顺利发展。

一、核安全文化的定义

核安全文化是国际原子能机构(IAEA)在总结苏联切尔诺贝利事故经验教训的基础上，基于“核安全是核能与核技术利用的进步基础和世界和平与发展所必需的”这一国际共识，提出的超越国家、组织和员工传统的保证核安全的共同价值观和行为方式。核安全文化的提出使不同社会制度的国家、不同层次的组织和不同文化背景的员工有了一个为核安全做贡献的统一行为准则。

国际社会上不同的国家和组织对核安全文化的定义有不同的表述：

国际原子能机构核安全咨询组织(INSAG)的报告《安全文化》(INSAG-4)给出了“安全文化”的经典定义：安全文化是存在于组织和员工中的种种特性和态度的总和，它建立一种超出一切的观念，即核电站的安全问题由于它的重要性要得到应有的重视。在国际原子能机构后续的安全报告丛书《发展核活动中的核安全文化》(No.11)中,又对安全文化的实质做了更加明确的解释,即"核安全文化是价值观、标准、道德和可接受的规范的统一体"。

世界核营运者协会(WANO)认可并发布了美国核电运行研究院(INPO)提出的"安全文化"的定义:组织领导者设定并内化于各级员工的价值观和行为方式,由之确定了核安全至高无上的优先地位。

美国核管制委员会(NRC)也对核安全文化进行了定义:由领导层和个人共同承诺的核心的价值观和行为准则,为保护人和环境,它强调安全超越其他与之相比的目标。

中国国家核安全局(NNSA)在总结国际社会和国内发展经验的基础上,也给出了核安全文化的定义:核安全文化是指各有关组织和个人达成共识并付诸实践的价值观、行为准则和特性的总和。它以"安全第一"为根本方针,以维护公众健康和环境安全为最终目标。

二、核安全文化的起源

核安全文化的发展历史到目前为止可以划分为三个阶段,即全球核电发展初期、三里岛事故后以及切尔诺贝利事故后,随着 2011 年日本福岛核电站事故的发生,核安全工作进入了一个新的阶段。

1. 核电发展初期

这个阶段的特点是重视设计的保守性和设备的可靠性,实施纵深防御原则。

1942 年,科学家费米领导的研究小组建成了世界上第一座实验型原子反应堆。为了防止发生不可控的链式裂变反应,该堆装备一根由强中子吸收材料制成的吸收体,随时准备快速掉入堆芯,核反应可控的问题就是最初的安全问题。作为曼哈顿计划首站工程负责人的费米,对核安全格外重视。当时费米堆在首次临界试验中出现了故障,经过工作人员维修排查后,时间已过 12 点。费米在这一刻做出了让工作人员吃完饭后再重新开始试验的决定,让工作人员的紧张亢奋的情绪得以缓和,在进度和安全之间毅然选择了安全。下午 3 时 35 分,反应堆达到临界点,人类历史上第一次链式反应开始正式运转。

1947 年,美国反应堆安全委员会在第一次会议上讨论了关于在反应堆外围设立一个密封安全壳的提案,这种安全壳能在事故工况下防止放射性物质向环境释放。安全壳的概念是核安全技术发展的一块重要基石。

1955 年,第一届日内瓦和平利用原子能会议召开,反应堆安全是这次会议的一个重要议题。会议论文集中收录的报告清晰地描绘了反应堆设计、安全壳、选址等基本安全原则。同时,厂外放射性后果问题引起人们的关注。

1971 年,美国原子能委员会公布了轻水堆安全系统的基本设计准则,包括一套假想的极限事故。核电站安全系统必须能处理这种事故而不发生明显的放射性后果。至此,核安全管理已奠定了厂址远离人口稠密区、安全壳和设计基准事故三块基石。设计基准事故的原则反映了确定论安全分析逻辑,没有考虑假想事故的发生概率,更没有考虑严重事故的发生概率。

20 世纪 70 年代中期,概率风险评价技术逐步成熟,美国国会要求对核电站进行概率风险评价分析,由此产生了著名的拉斯姆森报告——《反应堆安全研究》(WASH-1400)。报告中首次将概率风险评价技术引入反应堆安全分析,提供了以事件发生概率进行事故分类的方法,并且建立了安全壳失效模式和放射性核素向环境释放的模式。在此阶段,核安全管理集中于设计、安装、调试和运行各个阶段技术的可靠性,即设计和程序质量。在设计方面,考虑设计的充分性,强调保守设计,重视设备可靠,也考虑系统设备的冗余性和多样性,以防止事故的发生并限制和减小事故的后果。在程序方面,所有工作都使用程序,按程序办事。同时确立了许多基本原则:纵深防御、固有安全性和故障安全原则、单一故障准则和安全系统的多样性与多重性原则。

2. 三里岛事故后

这个阶段的特点是加强人机接口,考虑严重事故的预防和缓解。

1979 年 3 月 28 日发生的美国三里岛核电站事故对核安全历史的发展产生了重要的影响。三里岛核电站事故使核工业界人士得到很多的教益，人们认识到严重事故是可能发生的，且往往是由多重设备故障和人因错误综合作用而造成的。三里岛核电站事故证明核电站设计的纵深防御概念在严重事故下依然有效，同时也证实了《反应堆安全研究》的预言。此次事故促成了两件事：一是概率安全评价技术在核能界的广泛应用；二是人们对超设计基准事故分析和安全壳研究的关注。

核电工作者意识到应当关注安全工作中的非技术因素，如组织、管理、程序、人员培训、通信、宣传、应急准备等问题。为了防止和减少人的失误，采取了如下的措施：加强运行人员的培训，在运行值以外增设"安全工程师"岗位，以便在扰动工况下提供人为的冗余，周期性地使用监督程序对堆芯的状态进行监督，并决定采取相应的措施，限制或延缓堆芯的损伤；改善主控室人机接口，引入"控制室"系统的新概念；将必要的信息集中在安全监督盘系统，操作员、安全工程师各拥有一个终端；考虑严重事故的预防和缓解，并将研究成果纳入核安全法规、标准及核电站改进中，从而提高核安全水平。

3.切尔诺贝利事故后

这个阶段的特点是开始大力倡导培育核安全文化。

1986年4月26日，位于苏联乌克兰北部的切尔诺贝利核电站4号机组发生了强烈爆炸，堆芯的大量放射性物质从核岛中释放出来，造成环境污染，大量人员撤离。这引起了社会的恐慌，并在相当长一段时期内，影响了世界核电的发展。切尔诺贝利核电站事故发生的主要原因是核电站采用的堆型存在严重的设计缺陷，直接原因是运行人员执行试验程序时考虑不周和违反操作规程，但追溯其根本原因应归于苏联核电主管部门缺乏核安全文化理念。关于这种堆型设计的缺陷早已为人所知，在同类型核电站调试中已发现过此问题，并向有关主管部门专门写了报告。主管部门和有关方面非但没有重视，还在引起事故的整个试验过程中，关闭了安全保护系统。

核能界对此事故做了深刻的反思和总结，对核安全管理有了进一步的重视，并在全面总结事故原因的基础上，形成了核安全文化理念。1986年，国际核安全咨询组织为确保核电站安全提出了一种系统且完整的管理概念——核安全文化。

三、核安全文化的发展

1. 国际核安全文化的发展

“核安全文化”是由国际核安全咨询组织在1986年国际原子能机构出版的安全丛书《关于切尔诺贝利核电站事故后的审评总结报告》(INSAG-1)中首次提出的管理术语。

1988年,在国际原子能机构出版的《核电厂基本安全原则》(INSAG-3)中做了进一步阐述,核安全文化被强调为基本的管理原则。

1999年,《核电厂基本安全原则》INSAG-3升级为INSAG-12。2006年11月,国际原子能机构将INSAG-12的主要内容写入了与联合国环境规划署和世界卫生组织等9个国际组织出版的核安全基本标准《基本安全原则》(SF-1)。在这个报告中,国际原子能机构提出了基本安全目标和10项相关安全的原则,国际原子能机构认为国家政府为了履行国家的核安全国际义务,应在国家法律框架下通过立法、监管、标准管理以及行政措施实施管理,并负责成立独立的监管机构。

1991年,国际原子能机构为了使核安全文化这一理念更好地发挥作用,出版了《安全文化》专门报告(INSAG-4)。这个专门报告深入论述了核安全文化的定义、特征和本质,目的是对核安全文化有一个共同的理解。该报告还阐述了安全文化对决策层、管理层和员工响应三个层次的要求;并提出一系列问题和定性的指标用以衡量所达到的不同层次的安全文化水平,给看起来抽象的安全文化赋予了物化的内容,为安全文化的实际应用做出了十分有意义的探索和指导。

《安全文化》专门报告奠定了核安全文化的基础,这一报告至今仍是核能界推行核安全文化的经典报告。核安全文化作为一项严苛的管理原则,在全球核能界已得到倡导、实施和推广,并且不断发展和完善,在创造核电站优良业绩中发挥了重要的作用。

1994年,国际原子能机构制定了《安全文化评价指南》,用于对核安全文化进行评估。2008年,国际原子能机构在《安全文化评价指南》的基础上,正式发布了《安全文化评价指南》(SS-16),系统地提出了核安全文化评价的目的、评价的基础、评价的方法和评价的过程。该指南提出了核安全文化的5项主要特征和37种有形表征，系统地建立了核安全文化评价指标。

1998年，国际原子能机构出版了《在核能活动中发展安全文化》(安全报告丛书No.11)，论述了核安全文化发展的三个阶段：第一阶段，仅以满足法规要求为基础；第二阶段，良好的安全绩效成为组织的一个目标；第三阶段，安全绩效总是不断得到提高。

1999年，国际原子能机构在发布的《核电厂运行安全管理》(INSAG-13)中提出核安全管理体系。在这个文件中，国际原子能机构要求核电站最高管理者建立和实施完善的核安全管理体系，确保能够定期讨论和审议安全绩效、监督安全绩效、推进核安全文化的持续改进。

2001年，国际原子能机构出版了《在强化安全文化方面的关键实务》(INSAG-15)，提出核安全文化发展第三阶段的目标和特征，以及达到第三阶段的方法和路径。

长期以来，美国核管制委员会一直强调在核能与核技术利用领域中“安全第一”对公众健康和安全的重要性，并将其反映在两个早期发表的政策声明中，即1989年1月24日发表的《对核电厂运行管理的政策声明》(54FR3424)和1996年5月14日发表的《核工业界员工有提出安全问题而不担心受到打击报复的自由》(61FR24336)。经过近10年的努力，2011年美国核管制委员会最终正式发布了“核安全文化政策声明”(NRC-2010-0282)。

2002年，美国戴维斯·贝西核电站反应堆顶盖腐蚀事件引起了北美核电业界的高度关注。美国核电运行研究院(INPO)以此为契机，于2003年提出了《卓越核安全文化原则》。美国核电站联盟(United Station Alliance，简称USA)基于该原则推出了核安全文化评估准则，在得到美国核电运行研究院和美国核能研究所(NEI)认可后，目前已在全美所有核电站实施。

2006年1月，世界核电运营者协会(WANO)发布导则《卓越核安全文化的八大原则》(WANO GL2006-02)。2006年2月，国际原子能机构在南非开展了第一次核安全文化评估活动。日本核技术协会(JANTI)于2008年发布了“核安全文化七大原则”及评估方法。

2.我国核安全文化的发展

从中国建造第一座核电站开始，我国政府对安全文化的研究和发展就十分重视。1991 年，我国开始引进、研究和推广安全文化。1993 年以来，国内开始开展核安全文化、企业安全文化和安全文化的学术研讨，从而引起了安全科技界及政府管理决策层的关注。近年来，安全文化意识不断地深化和提高。

国家核安全局在实际工作中积极倡导和大力推进各项核能与技术建设，并且以“安全第一、质量第一”为核心进行核安全文化建设，在历次核安全监督检查活动中，都将核安全文化建设与评价作为重要的工作内容。自从国际原子能机构提出核安全文化以来，我国核活动相关单位以核安全文化的基本原则为指导，进行了大量的探索和实践。近年来，我国核安全监管当局与核电企业举办了核安全文化的研讨活动，充分总结和交流核安全文化建设相关经验。

我国的秦山核电站在 1994 年投入商业运行时，及时提出“安全是核电站的生命”口号。从 1995 年开始就对相关人员进行核安全文化教育，逐步建立核安全文化体系。1996 年，自秦山核电站二期主体工程开工之日起，秦山核电站就牢固树立“安全第一、质量第一”的根本方针，坚持本质安全、人机保护、分级管理、人群安全、保守决策、监护操作等安全文化理念，并逐级建立完善安全责任制、安全保障体系和核安全监督体系。出版了《核安全企业的灵魂》等有关安全文化的著作。田湾核电站从建立开始就提出了“安全第一，质量第一”“人人都是安全的一道屏障”等目标和要求，努力营造安全文化氛围，积极提高全员安全文化素养，将确保安全作为核电员工对全社会的庄严承诺。中国核能电力股份有限公司在学习借鉴美国核电运行研究院(INPO)的评估方法后，依据世界核电运营者协会发布的《卓越核安全文化的八大原则》于 2011 年对秦山核电站一期进行国内首次核安全文化评估活动，并于 2012 年对田湾核电站进行了第二次核安全文化评估活动。

我国大亚湾核电站自起步，就主动吸纳国际核电同行的安全质量理念，逐步建立与国际接轨的安全管理体系和制度，按“领导层示范、骨干推进和渗透、全体员工参与”的思路积极推进安全文化建设。在“安全第一，质量第一”的总目标下，结合安全管理的实际情况和特点，扩展并提炼出本地化的安全文化核心理念。其中，“核安全高于一切”的理念是大亚湾核电站安全文化决策层、管理层承诺的中心思想。保守决策、透明原则、“四个凡是”是大亚湾核电站安全文化管理层承诺的指导思想。“按程序办事”“一次把事情做好”“人人都是一道屏障”“现场操作要严格执行明星月检”体现了大亚湾核电站安全文化个人承诺的指导思想。近年来，在学习国外先进管理理念和总结实际运行经验的基础上，大亚湾核电站根据我国国情积极开展两个文明建设，把思想政治工作与安全文化建设紧密结合，在我国核电事业发展的不同时期，充分考虑了实际国情、民族的文化历史、行业的特殊性以及大亚湾毗邻香港的敏感性等特点，结合现代管理制度和压水堆核电站丰富的运行经验反馈，建设和发展了符合自身需求的核安全文化，并编写和出版了《大亚湾核电站安全文化良好实践》一书。

随着我国核行业的迅速发展，核安全文化的探索与建设工作进一步加快。2014 年 3 月 24 日，国家主席习近平在荷兰海牙举行的第三届核安全峰会上阐述了中国核安全观——“理性、协调、并进”，把核安全推向了一个新的高度，我国核安全文化的发展进入了新的阶段。

【思考题】

1. 企业安全生产的“五要素”是哪些？
2. 什么是核安全文化？
3. 简述企业安全文化建设的主要途径。
4. 结合当前核电新技术，谈谈核电新技术对核电站安全文化的影响。

第二章　核安全文化的构建

目前，我国核电建设已进入快速发展期，核安全文化建设关系到核电站的安全运行，关系到我国核电产业的发展前途，建立健全核安全文化建设体系，保障核安全是核电产业链上设计、制造、建设、运营各个环节参与者的共同责任。核安全文化建设是一项长期的、复杂的、系统的工程，不可能一蹴而就，要用坚持不懈的精神来建设核安全文化。

第一节　核安全文化构建的要求

核电与其他能源的显著不同之处，在于生产电的同时会存在放射性物质释放的潜在风险。针对这种风险的防范，即核安全问题，自核电站产生之日起，就成为核电从业者和社会关注的焦点。核安全文化是安全管理思想发展的必然结果，同时也是现代企业管理思想和方法在核能界的具体应用和实践。

一、核安全文化与核安全文化建设体系

国际原子能机构核安全咨询组织(INSAG)在1986年提交的《关于切尔诺贝利核电厂事故后的审评总结报告》中首次使用了“安全文化”一词，正式将核安全文化概念引入核安全领域。1988年，国际原子能机构在其《核电厂基本安全原则》中将安全文化的概念作为一种重要的管理原则予以确定，并渗透到核电厂以及与核能相关的领域中。国际原子能机构核安全咨询组织对安全文化的定义是：“安全文化是存在于组织和员工中的种种特性和态度的总和，它建立了一种超出一切的观念，那就是核电

厂的安全问题由于它的重要性必须保证得到应有的重视。”核电站建设企业应有的核安全文化理念应建立在安全第一、质量第一、程序至上的认识基础上，认识到核电设备的质量必须保障核电站安全运行，与设备本身状态有关的系统误差应为零，认识到严格按照程序操作是消除未来可能存在核安全隐患的有效方法，认识到养成按程序操作的工作习惯是核电工作者的基本要求。

核安全文化建设体系，应包括建立核安全监督体系、工作过程体系、全过程业绩管理体系和培训机制。核安全监督包括外部监督和内部自我监督，没有外部监督的系统，不是一个良好的安全系统；内部的自我监督是外部监督的具体实现和保证，它需要良好的内部信息沟通渠道。完整的工作过程体系的运作表现在三个阶段：准备阶段、执行阶段、总结和信息反馈阶段。这三个阶段是一个完整的工作链，它具有这样的一个基本特征：一切按规程办事，工作的各项子过程是环环相扣、相互检查和相互监督的。业绩管理体系是指管理层为有效地推动核安全文化建设和保证核安全而建立起来的一系列管理方法。建立业绩管理体系就是建立完整、有效的业绩指标跟踪体系，对业绩进行实时跟踪和趋势分析。其中，制定有效的安全性能指标和生产业绩指标是指标跟踪体系的关键点。培训工作也是核安全文化的一个重要组成部分，它是核安全文化的智力保证。培训内容应该结合生产和管理的需要而做动态的调整，也就是需要建立静态和动态相互配套的培训机制。静态培训就是依据生产和安全的需要，设置常规培训课程；动态培训就是依据生产一线和管理需要设置培训课程。

二、建立健全核安全文化建设体系的紧迫任务

国际核安全咨询组织认为，“安全文化既是态度问题，又是体制问题，既和单位有关，又和个人有关”，并且认为，安全文化主要由两个方面构成，“第一是体制，由单位的决策和管理者的活动所确定；第二是每个人的响应”。国际核安全咨询组织还认为，健全的程序和良好的工作方法若仅仅被机械地执行是不够的，因此主张：安全文化应要求所有对安全重要的职责必须被正确地执行，履行时具有高度的警惕性，应有完善的推理能力、丰富的知识、正确的判断和高度的责任心。因此，核安全文化的实质

是建立一套科学而严密的规章制度和组织体系，培养全体员工遵章守纪的自觉性和良好的工作习惯。

为保障核电安全运行，核电站建设企业要从以下几方面加强核安全文化建设体系的建设。

1.核安全文化的组织建设

核安全文化作为核电站建设企业的一个价值观，它的形成，很大一部分是受企业组织决策与管理层影响的。组织的决策与管理层对核安全的认识与态度，很大程度上决定了企业形成什么样的核安全文化。只有在企业的决策层与管理层具有“安全第一、质量第一”的价值观，在处理质量相关问题时，才能以“风险分析”为基础，进行“保守决策”。同时，要求决策过程科学化，即依据“程序化决策”和“安全评价结果决策”，而不依据决策与管理层职位高低进行决策。在企业各级管理会议与管理人员的工作计划中，核电设备的质量应始终排在首位。决策与管理层所制定的安全政策中，必须清楚地表明“安全第一、质量第一”的立场，且有足够的透明度。从组织建设的层面来说，需要有适当的管理部门，需要有专人来负责核安全文化方面的工作，使核安全文化的宣传与贯彻常态化，并且对责任部门和相关责任人能够进行业绩评价，以便及时予以奖励或责罚。

2.核安全文化的制度建设

核电站建设企业贯彻核安全文化，体现在制度建设上，就是要根据国家核安全法规的要求，建立完善的核电站质量保证体系，并严格按照程序要求从事设计、采购、生产等活动。核电站质量保证体系涉及《质量保证大纲》、程序文件和工作文件等文件体系，在文件体系中，《质量保证大纲》作为企业贯彻核安全法规的纲领性文件是法制的体现，是非常严肃的，企业依据《质量保证大纲》的要求来规范涉及核安全的所有活动；程序文件作为下一层次的文件，明确了各项具体工作的操作规范和制度；工作文件是各项涉及核安全活动的具体实施依据。在具体执行时，还要建立内部监督机制，保障制度的有效执行。

3.员工核安全文化素养的培养与提高

就核安全文化的表现而言，可由两个方面组成，除管理体系外，各级人员对上述体系所持的工作态度、思维习惯和行为规范也是极其重要的方面。质量管理系统为核安全文化建设提供了组织和运行机制的保证；而全体员工的工作态度、思维习惯和行为规范是核电质量管理系统建立、运行和不断完善的基础。要提高全员核安全文化的素养，就要以核安全文化的宣传和教育培训切入，这需要持之以恒地坚持，不断地宣传与教育，才能逐渐地在全体员工头脑中牢固树立"安全第一、质量第一"的意识，并把这种意识转化为习惯，只有员工把核安全文化的各种理念融入工作习惯中，核安全文化建设才能真正达到其目的。

4.核安全文化水平持续提高

自我评估制度的实施是取得成功的一条重要经验，在此基础上，还要积极利用外部的监督检查(国家核安全局与国际原子能机构)及核能界同行的评审。通过定期对安全管理各领域进行全面综合评估，系统地发现管理及人因方面的缺陷，由此提高核电站建设企业的核安全文化水平。通过建立自我评估制度，对核电站建设企业的质量保证体系运转状态进行有计划、规范性的评估，找出企业安全文化建设方面的问题和不足，并有的放矢地采取纠正行动，使核安全文化水平得到持续提高。

三、着力构建核安全文化建设体系

核安全是核电发展的基石，也是坚持以人为本，贯彻科学发展观的必然要求。历史上的核安全事故给人类生命和财产带来的巨大损失和对环境造成的巨大影响，依然警示着我们。对此，我们应该痛定思痛，吸取教训，这要求我们不仅仅在追究责任方面，更要在深层次上，在立足出现问题的"本"上查找原因、研究问题、解决问题。以创建安全文化体系为切入点和着眼点，并充分地、长效地发挥其重要作用，这对核电事业的发展具有重要意义。

1.牢固树立核安全文化理念

核安全文化主要是将核安全上升为一种理念，不再是简单的法规、责任等，它重在习惯的养成，以及理论和公共道德的形成。核安全文化体现为每一个人、每一个单位、每一个群体对核安全的态度、思维方式及采取的行动方式。因此，就核安全文化层面而言，可以做以下几个方面的思考：核安全的主体是所有涉及核电设计、运营、建造、服务的自然人，而不仅是政府监管部门、核电营运单位；核安全的主要推动力量不是单一的政府管理，更要靠涉及核电领域的方方面面，包括人们的核安全观念和核安全意识等；核安全同其他工作一样，也需要计划和规划；人在不知不觉中，也会潜意识避险保安，关键是善于把个体的这种潜意识转化为公共安全意识；核安全需要在文化上开发；核安全投入是以维护长效利益和无价生命为回报的；等等。因此，我们必须从核安全文化的层面和高度，树立核安全文化理念，并将其纳入先进文化范畴，列入科学发展观的重要内容，以促进其发展和提升。

2. 构建核安全文化建设体系

核安全文化建设是一个完整的系统工程，需要一个完整的工作体系来支撑。安全文化体系建设可以分为理念层、制度层、行为层、形象层等。因此要逐步构建一个由政府领导，各相关部门和组成单位、各基层组织参与的，联系紧密、各司其职、各负其责、运作协调的核安全文化建设体系。

核安全文化建设体系的建设，要始终坚持以尊重人的生命和保护地球环境为原则，以实现人的价值、保护人的生命安全与健康为宗旨，把保证核电的安全运行放在首位。要明确核安全文化的目标、实现途径和具体措施。安全文化的建设要体现四个层面的内容，即观念文化、行为文化、制度文化和物态文化建设。

3. 发挥核安全文化建设体系的重要作用

核安全文化建设是政府、企业、个人和专家等方方面面共同承担的任务，不是某个领导、某个部门、某个单位的事。要立足“提高素质、预防为主、加强防范、塑造安全”，建立长效工作机制，将核安全文化融于各方面的各项工作之中，充分发挥各自的职能作用。因此，要切实加强以下几个方面的建设：

政府方面要增强忧患意识，在谋划上多研究核安全问题。建立健全核安全应急工作常设机构，提高快速反应、指挥、协同应对的能力。建立健全核安全问责制，明确责任，严明纪律，严肃责任追究。

地方政府要积极、广泛宣传核安全科普知识和科技信息。宣传、文化、新闻出版等部门要将核安全思想纳入科学发展观的范畴，作为宣传工作的一个内容，要通过举办一些大型的宣讲、讲座、专题报告等，多方面地做好宣传，鼓励大家都注意抓安全隐患，强化人们的核安全意识，全方位促进良好的核安全环境的形成。

企业要有计划地将核安全文化知识纳入培训计划，规范地传授各种核安全知识，全面实施“核安全教育”工程，使每个员工牢固树立“安全第一、质量第一、预防为主”的思想，掌握核安全知识，养成良好的工作习惯与安全品行。

核电发展得越快，我们越要注重核安全。通过创建核安全文化，以文化教育的手段和途径，最深刻地启发人、教育人、影响人、造就人。核安全不全面抓就“安”不了，做到用“全安”保“安全”。

四、加强核安全文化建设，实现核电可持续发展

1.国家、地方和企业集团要共同努力，建立健全核安全文化建设体系

构建核安全文化建设体系，国家影响力的发挥非常重要，核电设备制造基地所在地的政府主管部门应承担中坚力量的角色，企业集团是基础和载体。国家、地方和企业集团应形成合力，围绕构建核安全文化建设体系，形成动态的运作机制，推动核安全文化建设水平。通过核安全文化建设体系的运行，单位的工作作风，每个人的工作态度、思维习惯才能契合核安全文化的要求，才能严格按照核安全监督管理规定的要求操作，有助于减轻核安全监督管理体系运行的压力，对我国核安全保障工作和核电事业发展产生积极作用。

2.核电行业主管机构在核安全文化建设体系构建方面要承担更大责任

核电行业主管机构在建设核安全文化建设体系中要承担更大的责任，在行业管理活动中，必须与国家核安全局的立场高度一致，对当地企业高标准、严要求，以推动核电站建设企业核安全文化的建设。在管理理念上，要引入战略管理的理念，推动企业制定核电产品的质量战略；在管

理方式上，要发挥属地优势，对企业行为的激励与约束方面要有新举措；在工作开展上，要建立与国家核安全局协调一致的工作机制，以配合、促进企业提升核安全文化水平；在专业知识与业务能力上，要提升水平，避免外行管内行的窘境出现。

3. 加强核安全文化教育培训，努力提高一把手的核安全文化意识

无论是国有企业，还是民营企业，一把手的影响力是毋庸置疑的，抓好一把手的核安全文化意识，提升一把手的核安全文化水平，对核安全文化建设是事半功倍的。因此开展对一把手的系统培训，提升其专业素养，是我国核电发展新形势下，核安全文化建设的迫切要求。

第二节　核安全文化的地位与作用

发展核能是调整能源结构的战略选择，对保持经济平稳较快发展，建设资源节约型、环境友好型社会，具有极大的现实与长远意义。核安全是环境安全的组成部分，是核能与核科学技术发展的前提和基础，关乎军事安全、科技安全、生态安全等，从世界三大核事故的影响后果与经验教训来看，核安全不但关系国计民生，更关系到国家安全。

一、核安全文化与核安全的关系

核安全是指对核设施、核活动、核材料和放射性物质采取必要和充分的监控、保护、预防和缓解等安全措施，防止由于任何技术原因、人为原因或自然灾害造成的事故发生，并最大限度地减少事故情况下的放射性后果，从而保护工作人员、公众和环境免受辐射的危害。

核安全文化是指各有关组织和个人达成共识并付诸实践的价值观、行为准则和特性的总和；它以“安全第一”为根本方针，以维护公众健康和环境安全为最终目标。

保障核安全是培育核安全文化的根本目的，而核安全文化则是核安全的基础，是核安全“纵深防御”体系中的重要屏障，也是对核安全实践经验的总结与凝练。

二、核安全文化与中国核安全观的关系

《国家核安全局核安全文化政策声明》对中国核安全观和核安全文化的关系进行了诠释:中国奉行“理性、协调、并进”的核安全观,它是现阶段中国倡导的核安全文化的核心价值观,是国际社会和中国核安全文化发展经验的总结。

中国核安全观是习近平主席代表中国提出的关于保障核安全的基本立场和态度。它倡导“理性、协调、并进”的核心价值。

从核安全方面的理解是:理性是指正确认识并把握核安全的基本规律;协调是指维护和确保核安全的各种政策和措施系统考虑、系统管理,补齐短板、整体提升;并进是指与核安全相关的各类组织、各个国家为打造普遍核安全做出共同的努力,共同发展。

核安全文化从狭义上讲是核能与核技术利用行业对保障核安全的负责态度和持续改进核安全主动作为的统一;从广义上讲是全社会对核安全理性认识的逐步推进和维护核安全自觉行动的不断进步。核安全文化具有继承、创新和发展这一动态演进的规律。

中国核安全观是我国基于国际环境、现实国情、客观条件和文明传承提出的围绕核安全的核心价值观,既是国际社会核安全文化建设先进经验的反映,又是我国核安全事业发展经验的总结;既具备国际社会对核安全文化的共性要求,又对我国核安全工作实践具有鲜明的现实指导意义。

中国核安全观是高于态度和意识之上的观念,是核安全文化的提升和总结,具有高于核安全文化价值观的理论高度,它是现阶段我国倡导的核安全文化各类价值观的总统领;核安全文化是中国核安全观在意识和潜意识层面的沉淀,是它在核安全领域的延伸和细化,核安全文化倡导的行为方式和主要特性是中国核安全观在核安全领域的行动落实和具体体现。

三、培育核安全文化的必要性

1.培育核安全文化是核安全的本质要求

根据《安全文化》专门报告(INSAG-4)的介绍,安全文化指的是从事任何与核电厂核安全相关活动的全体工作人员的献身精神和责任心。其

进一步的解释概括为一句关键的话，即一个完全充满"安全第一"的思想。这种思想意味着"内在的探索态度、谦虚谨慎、精益求精，以及鼓励核安全事务方面的个人责任心和整体自我完善"。

核安全具有五个特性，即技术的复杂性、事故的突发性、影响的难以感知性、污染后果的难以消除性和社会公众的极度敏感性。这样的特性决定了核安全在核能与核技术利用行业的发展乃至整个国家的安全中发挥着至关重要的作用。可以说，核安全关乎事业发展、公众利益、社会稳定及国家未来。因此必须始终坚持"安全第一"的思想理念。而核安全文化是敬畏和维护核与辐射安全的思想、态度和作风的总和，是所有核能与核技术利用事业从业者的良好共识与行动指南。通过培育核安全文化，建立"安全第一"的核心思想，正是核安全的本质要求。

2.培育核安全文化是核行业发展的重要保障

当前，核能与核技术利用行业发展迅速，对核安全文化建设的需求也日益迫切。在核电领域，随着核电快速发展，对核能专业人员的需求量也越来越大。大量非核能专业人员的加入以及运行人员流向在建核电企业，在一定程度上造成了核能安全骨干人员的稀释和流失，存在核安全文化弱化的风险。在核技术利用领域，核安全文化缺失现象严重，辐射防护意识薄弱。尤其是小型核技术利用单位，工作人员安全和责任意识差，放射源丢失等辐射事故频发。在核电设备制造、核燃料循环等领域也存在核安全文化培育不足的问题，屡屡发生违规补焊、不遵照规程办事等现象。

核安全是核能与核技术利用事业发展的生命线。在核能与核技术利用事业发展过程中，核安全文化的弱化和缺失，为核与辐射安全问题埋下了隐患。因此，2012年10月，国务院公布《核安全与放射性污染防治"十二五"规划及2020年远景目标》，明确要求：建立核安全文化评价体系，开展核安全文化评价活动；强化核能与核技术利用相关企事业单位的安全主体责任；大力培育核安全文化，提高全员责任意识，使各部门和单位的决策层、管理层、执行层都能将确保核安全作为自觉的行动。所以培育核安全文化是当前形势下核能与核技术利用事业发展的重要保障。

3. 培育核安全文化是减少人因失误的有力措施

国际原子能机构在《安全文化》专门报告(INSAG-4)中指出:“除了人们称之为‘上帝的旨意’以外,核电站发生的任何问题某种程度上都源于人为的错误。然而人的才智在查出和消除潜在的问题方面是十分有效的,这一点对安全有着积极影响。正因为如此,个人承担着很重要的责任。”因此人为因素在核与辐射安全工作中起着至关重要的作用。

一方面,人与机械系统最大的区别在于“人的可靠性很差”。为了应对可能出现的人为错误,人们首先发展并使用了核安全质量保证体系。但实践证明,核安全质量保证体系有一定的局限性,没有考虑人的非理性“失误”与“违章”,也没有解决如何使人按正确的行动去做的问题。培育核安全文化就是要弥补核安全质量保证体系的缺陷,在核安全重要活动中形成一种普遍性的、重复出现的、相对稳定的有利于核安全的行为心理状态,从而减少人为错误带来的核安全问题。

另一方面,“存在决定意识,意识反过来对存在起到积极的促进作用”。人的才智也可以在查找和消除潜在问题方面发挥积极的作用。先进的核安全文化是人类在长期的核与辐射安全实践中总结创造的宝贵财富,是体现核与辐射安全实践本质特征的文化形态,是提高核与辐射监管者素质、滋养从业人员心灵的精神沃土。通过培育核安全文化,有利于更好地发挥人在核能与核技术利用中的积极作用,减少人为因素带来的影响。

四、核安全文化缺失和弱化的严重后果

1. 国际上重大核事故和重要事件

自人类发展核能与核技术利用事业以来,历史上发生了几起重大核事故和一些引起全球核行业警惕的重要事件,究其深层次的原因,核安全文化缺失和弱化是重要因素之一。

1986 年 4 月 26 日,切尔诺贝利核电站发生重大核事故,堆芯严重损毁、大量放射性物质向环境释放,成为“人类历史上最为严重的核事故”之一。据统计,事故后几个月内 30 人死亡,134 人诊断为急性放射病,撤离

人群中约 4000 人死于辐射相关的癌症。国际原子能机构通过对事故的分析和讨论,确认事故源于一系列人因失误——有意识违反操作规程:为完成汽轮机试验不顾反应堆将进入不稳定状态,眼看要发生事故还想着把试验做完,最终酿成了一场人为的核灾难。可以说,核安全文化的缺失是导致切尔诺贝利事故的根本原因。

2002 年 3 月 6 日,美国戴维斯・贝西(Davis Besse)核电站 1 号机组压力容器顶盖发生严重降级,因一回路含硼冷却水泄漏发生腐蚀,在 3 号控制棒驱动机构指套管附近位置产生一个约 156cm 的凹坑,腐蚀最深处离压力容器表面仅 6.3mm,潜在后果非常严重。核电界将发生这次事件的根本原因归结为以下几点:①电厂仅满足于符合最低标准要求,而不是追求高标准要求;②长期的良好运行业绩(假象),使电厂管理层产生自满情绪;③随着时间推移,失去了对核安全的敏感性和警惕性;④对异常状态和指标总是试图自圆其说;⑤故步自封,沾沾自喜;⑥未能有效使用核电界和设备厂家的经验反馈。归其根本原因是核电站的管理层核安全文化意识出了问题,是运行业绩假象下的核安全文化弱化导致的。

2011 年 3 月 11 日发生的日本福岛核事故,尽管其直接诱因是极端的外部条件——海啸和地震,但是在 2012 年日本国会"福岛核事故调查委员会"正式发布的福岛核事故最终调查报告中将福岛核事故的根本原因定性为"人祸",而非自然灾害。东京电力公司的一些行为,比如运行期间篡改监测数据、无视研究人员早先提出的防海啸警告、机组海水冷却行动迟缓、应急体系职责不明、高层想放弃核事故缓解等,无不显示了福岛第一核电站在核安全文化建设方面存在严重问题。福岛核电站核事故从 4 级升至 7 级,东京电力公司核安全文化的缺失或弱化有着不可推卸的责任。

2.我国核安全文化缺失和弱化现象

尽管我国核电站未发生 2 级及以上的运行事件,但人因问题不容忽视,核安全文化的培育刻不容缓。通过对我国所有核电站运行事件的统计和分析,发现引起核电站运行事件的主要因素是人员差错、设备缺陷和设计不周。其中,人员差错是导致运行事件发生的第一因素,约占 60%。在其他原因导致的运行事件中,人员差错往往起到促进作用。

在核电站之外的核活动领域，核安全文化培育的形势更加严峻。我国曾经对10年间的辐射事故进行统计分析，发现共发生332起辐射事故，84.6%是由人为因素造成的责任事故，包括：违反操作规程、安全观念薄弱、管理不善、领导失职、操作失误、缺乏知识等。近年来，辐射事故的发生率显著降低，但是人因问题却更加凸显。2009—2013年，我国共发生辐射事故69起，其中62起为由于管理不善导致的放射源丢失、被盗事故，这反映出核技术利用领域核安全文化的严重缺失。核设备制造活动中，违规补焊现象屡禁不止，追求企业利益而忽视设备质量的问题已十分严重，为核安全埋下了隐患。因此，必须警惕核安全文化缺失和弱化的问题，不可因良好业绩沾沾自喜，时刻注重核安全文化的培育和改进，追求卓越。

3.核安全文化弱化征兆

核安全文化弱化的征兆主要包括四个方面：组织问题、管理问题、雇员问题和技术问题。

(1)组织问题。①解决问题不恰当。表现为反复地出现危机，纠正措施被大量积压，纠正行为不能保证优先，对问题出现的根本原因论证失误等。②观念狭隘。表现为管理者骄傲自大，缺乏自我进取和学习的机会。③开放性差。表现为管理者拒绝交流，不愿分享经验，不利用别人的经验改善自己的安全状况。

(2)管理问题。①纠正行为不力。表现为与安全有关的纠正措施被大量积压，纠正行为不能保证优先。②难题的解决模式不佳。表现为难以发现重复发生的问题和识别问题的发展趋势，对问题出现的根本原因论证失误。③程序的不完善。④分析和改正问题的质量差。表现为方法不对，对问题的鉴定不恰当，以及缺乏知识、资源或时间受限导致改正行为不适当。⑤独立安全审评的不足或失效。⑥真实性不符。表现为单位的配置和状态与其安全状况的说明不一致。⑦违章。⑧反复申请不执行管理要求。

(3)雇员问题。①过长的工作时间。②未受过适当培训的人数比例偏高。③在使用适合的、有资格的和有经验的人员方面出现失误。④对工作的理解差。⑤对承包人的管理差。

(4)技术问题。企业的技术状况是安全文化的直接反映。不好的表现包括技术方面的记录和存档材料贫乏或缺乏管理,设备维修不及时,对安全事件的收集、监督和处理不当,自我检查和自我评价体制不健全等。

第三节　核安全文化的组成

核电站在产生电能的同时,也产生放射性物质并存在放射性产物释放而导致公众和环境受到伤害的风险,核电站的这一特点决定了安全问题的至高无上。因此,在核电站内培育安全文化氛围,在增强员工的安全意识上投入更多的资源,对保障安全至关重要。

一、核安全文化特征

安全文化作为一个社会存在是客观的。国际原子能机构提出的核安全文化指的是一种在核能与核技术领域必须存在的健康的安全文化。这种健康的安全文化,有三个主要特征。

1.遵循统一的核安全基本原则

由于辐射危险有可能会超越国界。对于核能与核技术的利用,国际社会认为,不管各国工业和社会发展如何,任何严重的核事故对当地事故现场以及周边国家,甚至较远地区国家的公众健康与环境都有重大的、潜在的和持久的影响。因此,实施核安全监管是一项国家责任,核安全监管必须进行国际合作。为此,2007 年 11 月国际原子能机构与联合国环境规划署和世界卫生组织等 9 个国际组织出版了《基本安全原则》(“安全标准丛书”第 SF-1 号)。在这个报告里国际原子能机构提出了基本安全目标和 10 个安全原则。

2.主动精神

遵规守制是保证核安全的最基本要求,但这不足以保证核安全。为了保证核安全,还要求员工具有高度的警惕性、实时的见解、丰富的知识、准确无误的判断能力和强烈的责任感,以承担所有可能影响安全的任务。

3. 有形导出

文化作为一种客观存在，其特征就是“无处不在，无以言状”。但国际原子能机构认为这种无形的文化特性一定会有，也应该有有形的表现，而这些有形的表现可以反映出核安全文化建设的水平，也可反映在组织的核安全业绩上。

二、核安全文化的组成

核安全文化包含在意识层面始终坚持“安全第一”等观念的无形部分和它的有形导出。核安全文化的有形导出即安全文化的表现，它由两个主要方面组成。第一是由组织政策和管理活动所确定的安全体系，第二是个人在体系中的工作表现。成功取决于上述两个方面对安全的承诺和能力。这就强调安全文化既是态度问题，又是体制问题，既和组织有关，又和个人有关。

核安全文化对组织和个人的要求体现在对组织中不同层次的人员的要求，具体包括决策层、管理层和执行层三个层面，如图 2-1 所示。

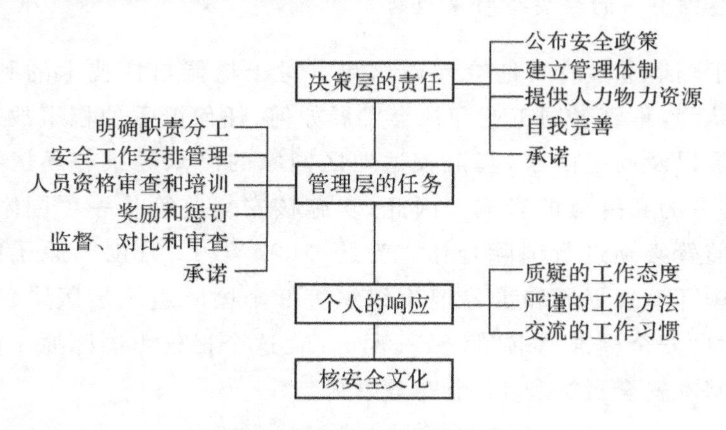

图 2-1　核安全文化的组成

1. 决策层的要求

无论是政府层面还是单位层面，决策层推行的政策创造了工作的环境，支配着每个人的行为。对决策层的要求如下：

(1)公布安全政策。所有与核安全相关的单位都要发布安全政策声明，将其所承担的职责公之于众，让人人明白。该声明就是全体工作人员的行动指南，并宣告该单位的工作目标和单位管理人员对核电站安全的公开承诺。

（2）建立科学的管理体系。在制定政策、设置机构、分配资源、建设基础设施等环节中充分考虑安全因素。政府建立健全科学合理的体制、严格的监管机制、高效的审评模式、完备的监督检查程序；营运单位首先要在安全事务方面有明确的责任制。这要求在文件上明确责任，通过建立清晰的汇报渠道，尽量简化接口，使从事核电站安全事务的各单位之间有极其明确的权限。在确保计划、进度、成本等方面的任何考虑不能凌驾于安全之上，并开展过程评价和优化改进、持续提升安全标准。在对核电站安全有重大影响的单位内部，要设立独立的安全管理部门，由它负责对核安全活动进行监督。此外，各涉核相关单位还应创建和谐的公共关系。通过信息公开、公众参与、科普宣传等公众沟通形式，确保公众的知情权、参与权和监督权。

（3）提供人力物力资源。决策层要确保安全所需的充足的人力和物力资源，特别是必须拥有足够的有经验的员工，并辅以必要的顾问或合同承包人。要建立科学的人事管理体制，保证把有能力的人员及早提拔到关键岗位上去。要保证有足够的培训人员和经费。保证所有的员工在从事与安全有关的工作时配备必要的设备、装置和各种技术手段。为保证他们能有效地完成工作，员工的工作环境要好。

（4）决策层不断的自我完善。作为一项安全管理政策，各单位经理们都应该对与核电站安全有关工作进行定期审查。审查的内容主要包括人事安排、学习型组织的培育、运行经验反馈以及对设计变更、核电站修改和操作程序的管理。

（5）决策层的承诺。要求决策层当众宣布承诺，使众所周知。这些承诺说明了公司在社会责任方面的立场，并表明了公司在安全方面的坦诚意愿。最高层要以个人名义表明他们的承诺，即他们要关注与核安全有关的工艺过程并定期审查，一旦出现对核安全和产品质量有较大影响的问题时，他们要直接过问，还要经常向员工讲述安全和质量的重要性。特别的，核电站安全是单位最高层会议上的重要议题。

2.管理层的要求

核电站管理层要负责企业安全政策和目标的具体实施。对其安全职责的具体要求如下：

(1)明确职责分工。特有的、清晰的授权制度可以使每个人职责分明，每位员工可充分了解各自的职责以及上下级的职责。

(2)安全工作的安排与管理。各部门经理应确保高标准严要求地完成各项与核安全相关的工作。为了保证工作能够按照规定进行，各部门经理应建立一套监督和管理制度，强调文明生产。安排工作时要保障员工适当的工作时间和劳动强度，并努力营造相互尊重、高度信任、团结协作的工作氛围，客观公正地解决冲突矛盾。各部门经理还应倡导对安全问题严谨质疑的态度；建立全体员工自由反映和报告安全相关问题并且不会受到歧视和报复的保障机制；管理者应及时回应并合理解决员工报告的潜在问题和安全隐患。

(3)对人员资格的审查和培训。各部门经理应确保每一位员工都能充分胜任自己所承担的工作。首先人员招聘和任命程序要保证工作人员在才智和文化程度方面具有令人满意的初步资格，其次还要保证人员的培训和定期复训。对人员技能的评价是培训不可分割的一部分，对于核电站运行中的关键岗位，对人员是否称职的判断，还应考虑生理和心理等方面的因素。

(4)奖励和惩罚。各部门经理应该鼓励那些在核安全方面有突出表现的人，并给予一定的物质奖励。在营运核电站的过程中，注意奖励制度不只是基于产值而且要与安全生产联系起来。当发生差错时，注意力不要过多地放在错误本身，而应更注意从中吸取经验教训。然而，对于重复出现的问题或严重失误，经理们要负责采取纪律措施，否则会危及安全，但具体做法要慎重，处罚不应导致人们隐瞒错误。

(5)监督、对比和审查。各部门经理在贯彻质量保证措施以外，还要负责实施一整套监察或监督措施，例如对培训计划、人事任命程序使用、工作方法、文件管理和质量保证体系等的定期审查。此外，还可以通过查阅内部关键绩效指标与外部或其他核电站的绩效指标进行对比来评估自身的安全绩效。

(6)承诺。通过以上途径,各部门经理不仅仅以行动表现他们对安全的承诺,还促进了员工的安全素养。

3. 执行层的要求

执行层主要包括基层管理干部和执行人员。他们是直接从事具体的,特别是与核安全相关的工作。因此,对他们的要求也更加具体。

(1)质疑的工作态度。质疑的工作态度也称"探索精神",凡在核安全工作中取得优异成绩者,都具有质疑的工作态度。质疑的工作态度要求每位员工凡事都要问为什么,不放过任何蛛丝马迹。

(2)严谨的工作方法。每个人都要采取严谨的工作方法,严谨的工作方法主要要求员工做到:看懂和理解工作程序;按程序办事;对意外情况保持警惕;出现问题停下来思考;必要时请求帮助;追求纪律性、时间性、条理性;谨慎小心地工作;切忌贪图省事。

(3)良好沟通的工作习惯。人人都要明白,良好沟通的工作习惯对安全至关重要,其中包括从他人处得到有关信息;向他人提供有关信息,保持良好的透明度;汇报完成的工作结果;发现和报告任何异常;正确填写工作记录,无论是正常或异常情况;提出新措施改善安全,重视经验反馈。

第四节 核安全文化的原则

核安全文化是一个组织的价值观和行为指导,它以领导为楷模,并内化为员工的行为,致力于使核安全处于最优先的地位。卓越核安全文化强调核电企业全员的价值观和行为的统一,强调追求卓越和高标准,强调卓越核安全文化没有终点。卓越核安全文化的本质,就是要求核电企业全员能够主动将核安全文化"内化于心、外化于形",能够形成核安全文化力,传授并持续影响着进入组织的新成员。卓越核安全文化是有形的,它明确了组织、领导和个人在建设卓越核安全文化过程中所需承担的责任和义务。

一、产生的背景

在核电发展历史中,曾经发生了几件影响核电站安全文化的转折性事件。第一件让核电界惊觉安全重要性的是 1979 年发生的三里岛事故。

追根溯源本次事故，发现很多基础性问题，包括设备维护、程序规程、人员培训、对待安全和规则的态度等都是造成本次事件的原因。

1986年发生的切尔诺贝利事故让世人意识到核电技术的危害一面。这次事故除了有很多和三里岛事故如出一辙的原因外，还突出反映了其他诸如设计配置管理、核电站状态管控、反应堆安全管理及和安全有关的文化特征等问题。

上述两起重大事件发生后，核电行业和监管当局进行了深刻的反省。除了修订规范标准外，它们在电站设备、应急操作规程、工艺流程、培训(含模拟机)、应急准备、设计配置管控、试验管理、人员绩效、安全态度等方面都做了相当幅度的改进。

这两起事故后，核电行业又发生了几起重大的安全事件，其中较具代表性的有2002年美国戴维斯·贝西(Davis Besse)核电站反应堆压力容器顶盖腐蚀事件和2003年匈牙利保克什(Paks)核电站堆外燃料严重受损事件，这再次为核电界敲响了警钟。这些事件有一个共性，那就是安全隐患都是随着时间的推移悄然发生的，通常与核电站文化有关，或者由核电站文化直接导致。如果这些安全隐患能及早被排查的话，这些事件就不致发生，或至少不会这么严重。导致这些严重后果的一连串决策过程和采取的措施，通常可以追溯到核电站的集体观念、价值观及理念。

核电行业的转折性事件，以及安全文化是核电站成功运营的关键因素这一理念，构成了《卓越核安全文化原则》的基础。

2003年美国核电运行研究院(INPO)以此为契机，提出了《卓越核安全文化原则》。

2006年1月，世界核电运营者协会(WANO) 发布导则《卓越核安全文化的八大原则》。

二、核安全文化的八大原则

世界核电运营者协会发布的《卓越核安全文化的八大原则》针对三个方面提出要求：组织、领导和员工。也就是说，这三个层级是我们建设核安全文化的关注点。

原则1.核安全人人有责

明确界定核安全的责任与权利，并让全体人员清楚自己的责任和权利。落实与核安全责任相关的汇报关系、岗位权限、人员配备和资金保障。公司政策中强调核安全高于一切。其特征为：

(1)规定从董事会成员到每个员工的核安全责任及权限，以书面形式对每个岗位的任务、职责和权限做出规定，并为在岗人员所理解。

(2)非生产直接相关的部门(如人资、劳务、商务、财务规划部门)也应明白它们在核安全管理中的作用。

(3)员工及其专业能力、价值观和经验应被视为核电组织最宝贵的资源。人员配备水平应与维持核电站安全可靠运行的需求相一致。

(4)董事会成员和公司管理人员采取措施定期强化核安全，包括现场巡视，以便直接评估核安全管理的有效性。

(5)从总经理开始的指挥管理体系是核电组织首要的信息渠道和唯一的指挥渠道。来自指挥体系之外的建议(如监督组织和委员会、审核委员会、外部顾问等帮助进行有效自我评估的机构)不能淡化或削弱指挥体系的权利和责任。

(6)所有员工认识到遵守核安全标准的重要性。各级组织对未能达到标准的领域负相应的责任。

(7)电网公司、运营公司和业主之间的关系不得模糊或削弱核安全责任的界限。

(8)奖惩制度不但要与核安全政策保持一致，还应强化期望的行为和结果。

原则 2.领导做安全的表率

高层领导和高级管理者是核安全的主要倡导者，应重视言传身教，要经常不断地、始终如一地宣传贯彻“核安全第一”的理念，偶尔将其作为单独的主题进行宣传。核电组织的所有领导都要树立安全榜样。其特征为：

(1)经理和主管执行可见的领导力，通过现场关注问题，教授、指导和强化标准，及时纠正偏离电站期望值的行为。

(2)管理层在理解和分析问题时要考虑员工的观点。

(3)经理和主管应适当监督与安全密切相关的试验和活动。

(4)经理和主管参与高质量的培训，始终如一地强化员工行为。

(5)管理层应认识到，如果沟通不当，生产目标可能会对核安全重要性发出误导信息。他们要敏锐地察觉和避免这样的误解。

(6)把重要运行决策的依据、预期后果、潜在问题、应急预案以及终止条件及时传达给员工。

(7)鼓励企业内有较大影响力的资深员工在安全方面做出表率,并影响同事达到同样的高标准。

(8)选择和评价经理和主管时,要考察他们强有力的核安全文化的能力。

原则3.信任充满整个组织

在组织内建立高度的信任,并通过及时准确的沟通来培育这种信任。有关提出和处理问题的信息流转应畅通无阻。对员工提出的问题采取措施后要告知员工。其特征为:

(1)尊重员工的人格和尊严。

(2)员工可以提出核安全方面的问题,不必害怕惩罚,相信所提的问题会得到解决。

(3)期望和鼓励员工提出新思路来帮助解决问题。

(4)欢迎和尊重不同的意见,必要时用公平和客观的方法来解决冲突和调和相悖的专业观点。

(5)主管善于以坦诚开放的方式应对员工的问题,这是一个管理团队的重要组成部分,这对于将安全文化转化为实际行动是至关重要的。

(6)预见和管理即将发生的变化(资产出售、并购、工会协议谈判、财务重组等带来的变化),确保维持组织内部的信任。

(7)针对高级管理层的激励机制侧重于实现核电站长期性能和安全。

(8)向监督、审查和监管机构提供的信息完整、准确和坦诚。

(9)作为建立信任和强化良好安全文化的一种方式,管理人员应定期与员工沟通重要决策及其决策的依据,并定期了解员工的理解程度。

原则4.决策体现安全第一

员工在做出保障核电站安全、可靠运行的决策时,经过系统和严格的考虑。操纵员得到充分的授权并了解安全期望值,当面临突发或不确定工况时,能将核电站置于安全状态。高级管理层支持和强化保守决策。其特征为:

(1)核电站拥有一支有丰富学识和经验的员工队伍,以支持各类运行和技术决策,必要时聘请外部专家。

(2)经理、主管及员工清楚地理解和尊重各方在决策过程中的作用。

(3)核电站员工采取严格的步骤来解决问题,在不完全理解时采取保守行为。

(4)针对重要安全事项的决策,指定专人负责,以对决策的执行情况进行连续的跟踪、评估和反馈。

(5)评估安全问题时,鼓励开诚布公的对话和讨论。专业和经验的多样性而引发的活跃讨论和良性冲突属于正常现象。

(6)做决策时应具备辨识"可接受的选择"和"慎重的选择"的能力。

(7)当情况发生变化,导致原运行决策不再适用时,应重新评价原决策和相关依据,以提高今后的决策水平。

原则5.认识核技术的特殊性和独特性

所有的决策和行动都要考虑核技术的特殊性。反应性控制、持续堆芯冷却、核裂变产物屏障的完整性是核电站工作环境有别于其他常规电站的重要特性。其特征为:

(1)实施可能引起堆芯反应性变化的活动时应格外小心和谨慎。

(2)维持专设安全设施的功能至关重要。

(3)严守设计和运行的安全裕度,只有慎重考虑后方可改变。特别关注维持裂变产物屏障的完整性和纵深防御的功能。

(4)精心维护设备,使其性能维持在设计要求范围内。

(5)核电站的日常活动和变更过程要考虑概率风险分析的结论。

(6)核电站活动受全面的、高质量的过程和程序控制。

(7)员工熟练掌握应用于工作岗位的反应堆及核电站的基础知识,为可靠决策和良好行为打下坚实的基础。

原则6.培育质疑的态度

员工可通过质疑假设、分析异常工况、思考行动的潜在不利后果等方式表现出质疑的态度。质疑态度是基于这一理念产生的:事故的发生往往来自于组织根据错误的假设、价值和信念所采取的一系列决策和行动。员工要对可能给核电站安全产生不利后果的情况或活动高度警觉。其特征为：

(1)尽管员工希望每天的工作有圆满结果,但他们同时也应认识到出现错误和最坏情况的可能性,因此应有应急预案来应对。

(2)对异常工况加以识别,进行深入调查、及时缓解,并定期进行分析总结。

(3)在面对不确定性事件时,员工应停止继续操作。

(4)员工能够识别可能降低运行效率或设计裕度的工况或行为,并及时加以解决。

(5)员工认识到复杂技术可能以不可预见的方式失效,意识到潜在问题的存在并做出保守决策加以应对。

(6)通过思维的多元化和求知欲来避免群体思维,鼓励和重视不同的意见。

原则 7. 倡导学习型组织

高度重视运行经验,培育学习和应用经验的能力。通过培训、自我评估、纠正行动和对标来激励学习和提高业绩。其特征为：

(1)组织要避免自满,培养不断学习的氛围,着重培育"事件可能在这里发生"的意识。

(2)通过培训加强宣贯管理标准和期望。除了传授知识和技能外,教员还要善于灌输与核安全相关的价值观和理念。

(3)员工能从行业和其他核电站的重大事件中获得深层次的经验教训,并承诺不再犯类似错误。

(4)有效地使用根本原因分析方法对事件进行分析,识别并纠正可能导致事件发生的基本问题。

(5)制定程序来识别和解决组织中薄弱环节。这些薄弱环节若不加以加强,可能会累积为较小规模的安全事件。

(6)员工相信涉及核安全的问题必将得到及时的关注、跟踪和解决。

原则 8. 核安全评估和监督活动常态化

采用监督手段来强化安全和提升业绩。通过各种监督方法对核安全进行常态化的监督和检查,部分方法能够通过"全新的视角"对问题进行独立的审视。其特征为：

（1）自我评估和独立监督相结合，这是一种综合、平衡的方法。这种平衡应按需定期审查和调整。

（2）定期实施核安全文化评估，以此作为改进基础。

（3）认识到仅专注片面的业绩指标是危险的。组织应提高警惕，识别那些可能预示业绩下滑的指标并做出响应。

（4）重视各方面人员（包括质量保证人员、评估人员、独立监督人员和普通员工等）提出的见解和新观点。

（5）定期向高层管理人员和董事会成员汇报监督结果，使他们深入了解核电站的安全业绩。

【资料链接】

核安全文化的特征

1. 个人对安全的承诺

（1）个人职责。每个人对安全负责，明确理解自己的核安全职责和权限。在隶属关系、职位权力、团队职责中强调核安全重于一切。其特点为①标准：个人理解、遵守核电标准的重要性。对不满足标准的情形，各级组织应履行相应职责。②工作主导权：个人理解和践行有利于核安全的行为和工作。③ 团队协作：为确保维持核安全，个人和工作组在组织内外就所从事的活动进行沟通和协调。

（2）质疑的态度。为了识别可能导致错误或不适当的操作，个人应避免自满，不断质疑现有状况、假设、异常和活动。所有员工警惕可能对核电站安全造成不良影响的理念、价值观、情况或活动。其特点为①认为核技术是特殊的和独特的：个人应认识到，复杂的技术可能在不可预知的情况下失效。②质疑不明情况：个人面临不确定性事件时应停止操作，工作前应评估和控制风险。③质疑假设：当人们认为某件事不正确时，应质疑假设，并提出相反观点。④避免自满：即使认为有成功的结果，个人也应意识到错误、潜在问题、内在风险存在的可能性，并做好应对计划。

（3）安全沟通。沟通时应以安全为中心。有关安全的沟通非常广泛，包括核电站级的沟通、工作相关的沟通、员工级的沟通、设备标识、操作经验交流和文档管理。领导利用正式和非正式的沟通传达安全的重要性。组织中上行和下行的信息流同等重要。其特点为①工作过程沟通:个人在工作过程中就安全信息进行沟通。②决策依据:领导确保运营和组织决策的基础得以及时沟通。③信息自由流通:个人开放、坦率地在组织中进行上行和下行的沟通。监督、审核和管理机构时也如此。④预期:领导经常沟通和强化预期,即在组织中核安全高于一切。

2.管理者安全承诺

(1)领导职责。领导在决策和行为中体现承诺。总经理和高级经理是核安全文化的倡导者,他们在言行上对核安全起到模范作用。应不间断地对核安全信息进行交流,偶尔作为一个独立主题进行交流。领导在整个核电组织中确立一个安全案例,公司法规强调核安全重于一切。其特点为①资源:为支持核安全,领导确保提供足够和合适的人员、设备、程序和其他资源。②巡视现场:领导经常巡查工作场所观察、指导,强化标准和预期。对于偏离标准和预期的情况,迅速纠正。③激励、惩罚和奖励:领导确保激励、惩罚和奖励与核安全方针一致,并强调,行为和结果体现出安全重于一切。④安全战略承诺:领导确保核电站优先考虑的事与核安全高于一切的信念相一致。⑤变化管理:为确保安全重于一切,领导应使用一个系统的过程评估和实施变化。⑥角色、责任和权力:为保证核安全,领导明确定义角色、责任和权力。⑦持续检查:为确保对核安全进行持续检查,领导应使用多种监测技术,包括核安全文化评估。⑧领导者行为:领导演示为安全确立标准的行为。

(2)决策。决策可以系统、严格、彻底地支持或影响核安全。当面对非预期或不确定的情况时,为确保核电站置于安全状态,操作者拥有权限,并且了解预期。高层领导支持和强化做出保守决策。其特点为①一致的过程:个人使用一个一致的、系统的方法来做决策,适当地洞察风险。②保守的偏见:个人在决策时谨慎选择那些简单可行的选项。不是为了工作进行,而确认一个建议活动是安全的,也不是为了停工而确认其不安全。③决策职责:有关核安全决策的单点责任应保持下来。

(3)彼此尊重的工作环境。组织中应存在信任和尊重,创造一个彼此尊重的工作环境。通过及时准确地沟通，高度信任可以局部地在一个组织中建立、培养起来。鼓励和讨论不一致的专业观点并及时解决矛盾。对于员工的关注应给予回应。其特点为①尊重是明显的：尊重每个人。②重视意见：鼓励个人说出顾虑，提出建议和问题，尊重不同观点。③高度信任：在组织中的个体和工作团队之间培养信任。④解决冲突：解决冲突时使用公平和客观的方法。

3. 管理体系

(1)持续学习。评估、寻求、实现持续学习的机会。重视操作经验，提高从以往经验学习的能力。为了激励学习和提高能力，可以应用培训、自我评估、对照管理等方法。用不同的监测技术对核安全进行持续的、详细的审查，其中的一些技术可以提供独立的新视角。其特点为①操作经验：组织适时、系统、有效的收集、评估和应用内部和外部的操作经验信息。②自我评估：组织例行的对程序、实践和表现进行自我批评和客观评价。③对照：为不断提高知识、技能及安全表现，组织向其他组织学习活动。④培训：高质量的培训可以维持一个学习型的员工团队，利于保持核安全的高标准。

(2)识别、解决问题。迅速识别、彻底评估影响安全的潜在问题，根据重要性迅速处理和纠正。为加强安全，应识别和解决包括组织问题在内的广泛问题。其特点为①识别：为识别问题，组织可执行一个低门槛的纠正计划。个人按照程序及时、彻底、准确地识别问题。②评估：为确保问题的解决措施、原因阐述和范围状况与其安全重要性一致，组织应彻底评估问题。③解决问题：为解决问题，组织及时采取与问题安全重要性相一致的纠正措施。④趋势：组织定期分析纠正计划和其他评估结果，以此识别不利趋势和状况。

(3)提出顾虑的氛围。建立一个有安全意识的环境(工作中的安全意识)，个人可以自由地提出顾虑，而不用担心遭到报复、威胁、侵扰或歧视。核电站建立、维护、评估相关政策和程序，允许员工提出顾虑。其特点为①SCWE 原则：组织鼓励个人提出安全顾虑，并不会受到报复、威胁、侵扰或歧视。②提出关注的其他程序：组织执行一套不受管理影响的鼓励提出顾虑的程序。员工可以自信地提出安全问题，并及时有效地解决问题。

(4)工作程序。为保证安全,执行计划和控制工作。工作管理是一个特定程序。该程序对工作进行识别、选择、计划、执行、完成和评审。整个组织参与并支持该程序。其特点为①工作管理:组织执行一套计划、控制和执行工作活动的程序,以确保核安全重于一切。工作程序包括识别和管理与工作相关的风险。②设计裕量:组织在设计裕量内操作并维护设备。只有通过谨慎、系统的程序才可以监视和改变裕量。对保持裂变产品屏障、纵深防御和安全相关设备要特别注意。③文件:建立和保持完整、准确和最新的文件。④遵守程序:个人遵守工艺流程、程序和工作指导书。

三、高标准建设核安全文化

建设卓越核安全文化要求我们始终坚持高标准,用最高的业绩标准来衡量和看待我们的现状,这样才能不断进步,不会自满。核安全文化一旦弱化会在核电站的很多管理方面表现出来,如反映出来的问题得不到根本上的解决、组织思想越来越僵化、文件质量和执行文件的质量越来越低、标准降低、追求包装、缺乏主人翁意识、员工不愿意报告问题、领导不能以身作则等等。卓越核安全文化的八大原则描述了在一个核电站中可能起作用的因素和从何着手实施工作,如果得到很好的利用,将会影响核电站的价值观、假设、经验、行为、观念和规范。核电站应该把这些原则与日常规定和做法进行深入的比较,发现差距并积极改进。核安全文化原则是不可探测的,但是通过观察特性并对其进行趋势统计,就可以发现安全文化变化的趋势,并及时采取措施加以纠正。另外,在核安全文化建设过程中有一个概念非常重要,就是“安全工作氛围”。这个氛围既包括工作的物理环境氛围,也指能让工作人员报告问题的人文氛围。这一点可以看作是核电站核安全文化变化的一项重要指征。核安全文化的建设任重道远,非朝夕之功。我们应持续努力将我们的核安全文化水平从“依据法规来管理核电站”的第一阶段逐渐提高到“重视安全业绩,主动追求好的业绩和更高的安全水平”的第二阶段,最终向“不断进取的、持续改进追求核电站的良好业绩”的最高阶段迈进。

实践证明不断提高安全文化意识，推进以核安全文化为中心的企业文化建设，是具有巨大影响力的“软实力”；安全监督体系与安全生产（设备可靠性管理）保障体系的完善是构建安全的“硬实力”；“软实力”和“硬实力”的共同建设是核电站实现总目标的双手。

【思考题】

1. 核安全文化构建有哪些要求？
2. 为什么要培育核安全文化？
3. 简述核安全文化的组成。
4. 核电站建设企业的核安全文化有什么特点？
5. 简述核安全文化的原则。

第三章　核电站建造阶段的安全文化

核电工程质量是核安全的基础与根本。只有建设出高质量的核电站，才能从源头上保证核安全。所以核电站在建造阶段的安全文化往往表现为对核电工程质量意识重视程度，对核电站质量的有效控制就是践行核安全文化。

第一节　工业安全

核电站工业安全的目的是在现有的工程设计的基础上，通过科学管理，防止人身伤害事故和职业病的发生，为员工提供劳动安全的必要条件和保护，营造良好的作业环境，使核电站的工业事故风险降低到合理、可行、尽可能低的水平，最终防止重大伤亡事故、重大设备事故的发生。

一、工业安全的基础

1. 核电站安全生产的方针

核电站安全生产的方针是：安全第一，预防为主，综合治理。

在贯彻“安全第一”方针的时候，应该“以人为本，把人的安全放在第一位，把人的管理放在第一位”。在做好“预防为主”工作时，应该把重点放在防止人的不安全、防止物的不安全和防止安全生产管理不完善上。

2. 核电站工业安全管理内容

事故的发生是由三个关键因素引起的，也就是通常说的事故模式的三要素：人、机器、环境，安全管理是采用系统的、有效的手段控制危害和风险，有效地控制人的行为，从而最大程度上控制事故、减小损失、提高安全水平。

二、现场作业的安全规定

现场作业的安全管理可以概括为对人的安全管理和对物的安全管理两个方面。核电站通过制定专项安全程序和作业标准，以达到规范作业过程，消除生产现场作业中的不安全因素，创造安全的生产作业条件的目的。

1.核电企业员工行为规范

(1)统一着装(安全帽、工作服、安全鞋)，佩戴磁卡，按次序进出现场；

(2)严禁在生产区域内横排扎堆；

(3)禁止在生产现场喧哗娱乐；

(4)不准乱丢垃圾，垃圾严格按照分类进行投放；

(5)禁止穿越设有障碍的区域；

(6)严禁携带非工作用火种(打火机、火柴等)进入核电站工业性厂房；

(7)严禁在工业性厂房内及室外作业现场吸烟，吸烟要到专设吸烟点；

(8)禁止酒后进入控制区大门以内区域；

(9)禁止在工业性厂房内使用手机、对讲机及高频大功率通信设施；

(10)严格执行“四禁一严”的规定：禁止无规程操作、禁止不遵守规程操作、禁止无监护操作、禁止带有疑问操作、严格执行明星自检(STAR)。

2.现场基本安全规定

(1)建立良好、规范的作业区域与环境(围栏、警示带、标志、照明、通风)；

(2)作业人员必须配置、使用合适的安全防护用品；

(3)特种作业(容器作业、带压堵漏、动火等)严格按要求采取防护措施；

(4)涉及地井、盖板、栅格打开,必须设置围栏与警示标志;

(5)严格按许可证规定的内容、事件和范围作业;

(6)工作完毕,要恢复设备原状,全面清理作业现场。

图 3-1 是核电站常见的安全警示牌。

图 3-1　核电站常见的安全警示牌

3. 作业区域要求

(1)张贴作业信息牌;

(2)设置适当的警示标志和围栏,落实安全措施(如防异物、落物措施、空洞打开设围栏);

(3)交错作业时,应遵循上方作业保护下方作业的原则;

(4)现场布置临时配电柜需经电气处批准,并采取相应安全措施(防止漏电,防止把防火门卡在开的位置,防止电缆被碾压,防止电缆绊倒人),电缆过通道要采取保护措施;

(5)不得踩踏非承重管线、设备、保温层,不乱丢垃圾,及时清理现场。

4. 现场物料存放

申请者需填报"现场物料存放证","现场物料存放证"应写明存放的相关事项(物料品名、数量、存放期限、存放地点等),说明存放的理由,注明存放区的安全负责人、负责单位和联系电话;并由所属厂房经理及工业安全科审核签字,并给出意见。

现场物料存放,除了工业事故风险外,还应考虑可燃物引起的火灾隐患，因此与安全相关系统的设备间内禁止存放易燃或可燃物。

5. 危险化学品管理

(1)危险化学品的运输。危险化学品进入核电站控制区必须经过化学环保处(OPC)技术审定，运输车辆必须保证状态良好，车上要贴装载危险品的明显标志。

(2)危险化学品存储。带入现场的危险化学品必须控制数量，一般不得在作业现场过夜，确实需要在现场存放并超过 1 天时间的，必须办理“危险化学品临时存放许可证”。

(3)危险化学品使用。使用危险品或在危险品相关系统上操作、取样、检修的工作人员，必须经过培训授权，必须持有“工作指令”领取危险品，以满足当天工作需要为准，限量领取。易燃易爆物品须持有“动火证”才能领取。

(4)危险化学品报废和回收。化学环保处负责核电站化学品的报废审批，并提供废弃危险化学品处置方式的技术支持。现场剩余危险化学品及空容器须交给服务处处置或存放到其他收集点，由服务处送往有资质的处置公司处理。

三、工作许可证制度

工作许可证制度是一种作业审批制度，同时也是一种安全确认过程。核电站工作许可证共有五类：隔离许可证(PW)、介入许可证(PI)、特殊作业许可证(PX)、试验许可证(PT)、使用外源许可证(PR)。

1. 隔离许可证

隔离许可证适用于某一项工作需要切断一切电源和工作流体，如现场拆卸、检修系统中的某一设备等需要隔离能源的情况。隔离许可证是核电站检修工作最常用、最基本的许可证，也是保证人员安全的最有效的一种许可证。

2. 介入许可证

介入许可证适用于非运行工作人员要对运行设备进行介入情况，如某些压力表的现场校验、动用消防水冲洗设备等。介入人员的工作要确保不影响设备或系统的完整性及其他运行设备的正常运行。

3.特殊作业许可证

在无法全部实施隔离或为了作业反复投运或停运设备时，存在特殊风险，需要采取特别措施的工作，需使用特殊作业许可证。特殊作业许可证由维修、运行、工业安全管理部门签署意见，最后由生产经理批准使用。

4.试验许可证

有必要将设备或设施投运、停运以便进行初始运行试验、功能检查、设备安全性检查或将设备进行微调一类的维护工作时，使用试验许可证，如检修工作完成后须进行的再鉴定试验等。

5.使用外源许可证

对设备进行调整、整定等需要使用某一独立外源的操作时使用外源许可证，如安全壳打压试验时需要使用临时空压机。

四、常见事故预防

1.坠落事故预防

核电站规定落差大于 2m，为有坠落风险的高空作业，必须采取相应的预防措施，某些特殊环境 2m 以下作业也应根据实际情况进行适当的防坠落措施。

坠落预防措施：①使用脚手架（2m 以上长时间作业，必须搭制脚手架）；②使用移动平台（如梯子上工作，携物不超过 10kg，工作时间不得超过 30min）；③使用坠落防护用品（使用安全带应高挂低用，落差超过 5m 以上的应加防坠器）；④使用盖板、护栏、围栏和警示标志，水池边、高处栏杆拆除，孔洞盖板打开时，必须设置安全围栏，并且应当留出一定距离的安全缓冲区。在无法使用围栏对作业区进行封闭时，必须用警示带设置警示区域。无论使用临时围栏或者警示带，均应在显著位置悬挂标志。

2. 电气事故预防

核电站严禁带电作业，任何与电气相关的作业，必须隔离以后方可从事作业，并严格遵守隔离“三步骤”原则。①隔离：断开电源、上锁、挂牌禁止操作；②验电：使用电压等级合适且合格的验电器，在进出线两侧各相验电；验电前，在有电设备上试验验电器良好；③接地：验证无电后合上接地刀闸或安装接地线，将检修设备接地并三相短接，拆装接地线均应使用绝缘棒和绝缘手套。

3. 窒息事故预防

(1)窒息原因：所处环境氧含量低于 19.5 %有窒息风险。

(2)有窒息风险的场所：有惰性气体的场所、密闭容器、涵洞、密闭场所、地坑。

(3)通用预防措施：使用测氧仪，强制通风，使用正压式呼吸器。

4. 化学危险品伤害预防

核电站常见化学危险品有：坚克林、调节液、硝酸、盐酸、硫酸、氢氧化钠、氨气、联氨、压缩气体等。

防护措施：佩戴眼镜、手套和防护服；气体浓度高时佩戴呼吸器；接触后马上用水冲洗。一般在受到有毒、腐蚀性气体伤害后，应用清水冲洗 15 min 后再就医。

5. 起重事故预防

核电站起重工作人员都必须持有特种作业操作证。

6. 交通事故预防

除工业车辆外，其他车辆均不能进入厂内；驾驶室不得超额坐人，不得人货混装；严禁酒后驾车；任何车辆在核电站内主干道行驶速度必须低于 30km/h，在运输重要设备部件以及进入厂房时不能超过 10km/h。

第二节　劳动保护

劳动保护是国家和企业为保护劳动者在劳动生产过程中的安全和健康所采取的立法、组织和技术措施的总称。劳动保护的目的是为劳动者创造安全、卫生、舒适的劳动工作条件，消除和预防劳动生产过程中可能发生的伤亡、职业病和急性职业中毒等情况，保障劳动者以健康的劳动力参加社会生产，促进劳动生产率的提高，保证社会主义现代化建设顺利进行。

一、劳动保护工作的指导方针

劳动保护工作的指导方针是：安全第一，预防为主。安全生产是一切经济部门和生产企业的头等大事。“安全第一，预防为主”不是权宜之计，而是客观规律的必然要求，是安全生产管理的一项长期的指导原则。

1.“安全第一”的内容

(1)确保劳动者的安全和健康是第一位的，尽最大努力避免人员伤亡和职业病的发生。

(2)劳动者在各自的工作岗位上，都把贯彻安全生产法规、充分满足安全卫生需要摆在第一位，绝不做有损于安全生产的事情。

(3)当生产任务同安全发生矛盾时，贯彻“生产服从安全”的原则，排除不安全因素后再进行生产。

(4)在衡量企业工作时，把安全生产工作作为一个重要内容来考核。安全生产不好的企业，不能成为先进企业，也不能升级。安全指标有“否决权”。

(5)进行新建、扩建、改建工程时，确保安全性设施的投入，实行同时设计、同时施工、同时投产，在尽可能的条件下，实现本质安全。

2.“预防为主”的内容

(1)对事故的预防。事故虽然有意外性、偶然性和突发性，但它又有一定规律。任何一种事故都可以通过有效的安全措施去防止。如尽量采用先进的设备和技术，确保安全生产；始终抓好安全教育，提高劳动者操作的可靠性和安全意识；运用先进的技术手段和现代安全管理方法，预测和预防危险因素的产生。

（2）对职业危害的预防。职业危害造成的后果并不亚于伤亡事故。从统计上看，一些行业职业病的发病和死亡人数大大多于因工伤亡人数。只是由于职业危害是经过较长时间才能显现出来的，因而常被人们忽视而已。有些行业和生产作业场所的粉尘和毒物浓度高，职业病发生率高，劳动生产率低，这些已成为企业发展的障碍。

预防职业危害已经发展成为专门学科。预防职业危害总的要求是劳动卫生工作要把防止、控制有毒有害因素对劳动者的危害作为重要工作，同时做好职业病的治疗。

二、劳动保护内容

1.劳动安全保护

为了保护劳动者的劳动安全，防止和消除劳动者在劳动和生产过程中的伤亡事故，以防止生产设备遭到破坏，我国《劳动法》和其他相关法律、法规制定了劳动安全技术规程。安全技术规程包括：①机器设备的安全；②电气设备的安全；③锅炉、压力容器的安全；④建筑工程的安全；⑤交通道路的安全。企业必须按照这些安全技术规程使各种生产设备达到安全标准，切实保护劳动者的劳动安全。

2.劳动卫生保护

为了保护劳动者在劳动生产过程中的身体健康，避免有毒、有害物质的危害，预防和消除职业中毒和职业病，我国制定了有关劳动卫生方面的法律、法规，如《劳动法》《环境保护法》《工厂安全卫生规程》《国务院关于加强防尘防毒工作的规定》《关于防止厂矿企业中粉尘危害的决定》《工业企业设计卫生标准》《工业企业噪声劳动保护卫生标准》《防暑降温暂行办法》《中华人民共和国关于防治尘肺病条例》等。这些法律、法规都规定了相应的劳动卫生规程，主要包括以下内容：①防止粉尘危害；②防止有毒、有害物质的危害；③防止噪声和强光的刺激；④防暑降温和防冻取暖；⑤通风和照明；⑥个人保护用品的供给。企业必须按照这些劳动卫生规程达到劳动卫生标准，才能切实保护劳动者的身体健康。

三、核电站劳动保护用品及安全仪表

1. 防护服

核电站防护服饰包括帽、衣、裤、围裙、套袖及鞋等。除工作服外，主要为防热服。防热服分为：调节式和非调节式两种，核电站使用的防护服均为调节式防热服，如图 3-2 所示。

图 3-2　调节式防热服

2. 安全帽

核电站使用的安全帽由帽壳、帽衬、下颌带、后箍等组成，如图 3-3 所示。安全帽的使用期限为 30 个月。进入工业性厂房必须戴好安全帽；有落物打击风险的露天作业场所也必须佩戴安全帽；在过分狭小场所作业可以不戴安全帽；某些特殊场所则不许佩戴安全帽(反应堆水池边)。

图 3-3　安全帽

3. 劳动保护手套

劳动保护手套具有保护手和手臂的功能。核电站常用的手套有：带电作业绝缘手套、耐酸(碱)手套、焊工手套、橡胶耐油手套、防水手套、防热辐射手套、防静电手套、防切割手套。核电站员工在使用手套时，应根据工作性质选择相应的手套。

4. 呼吸护具

呼吸护具防止的危害因素为缺氧、有害气体、空气中的颗粒物质。核电站呼吸护具有两种基本类型：空气净化式呼吸护具和自给式呼吸护具，如图 3-4 所示。

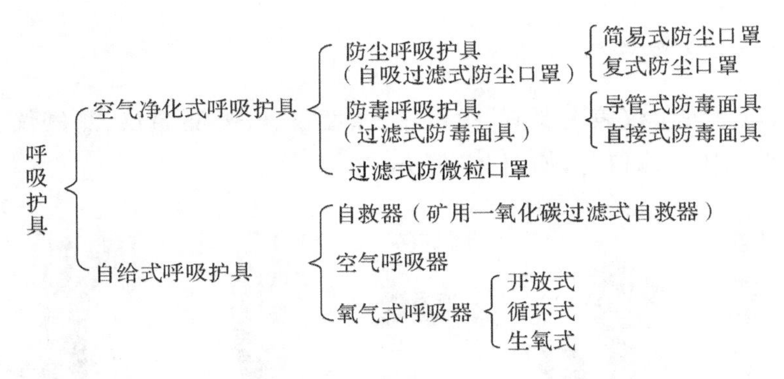

图 3-4　呼吸护具的类别

5. 防坠落护品

核电站防坠落护品主要包括：全身式安全带（如图 3-5 所示）、速差式防坠器、抓绳器、安全网等。

图 3-5　全身式安全带

6. 听力护具

核电站听力护具包括耳塞、耳罩、护耳器等。

7. 眼（面）护具

核电站眼（面）护具包括护目镜和面罩。

8. 安全仪表

核电站安全仪表主要有：噪声仪、照度仪、红外测温仪、测氧仪、测爆仪、有害气体检测仪等，如图 3-6 所示。

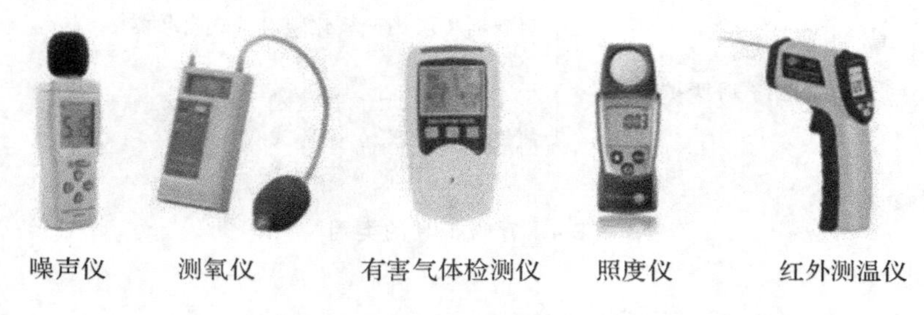

图 3-6　核电站常见的安全仪表

第三节　质量保证

我国自核工业起步以来，积极与国际进行接轨，经过六十多年的发展，核电站质量保证工作有了很大提高和有效实施，取得了不少经验并达到了一定的水平，在保证核电站安全运行上取得了很好的成效，并已在国民经济领域发挥着重大作用。

一、核电站质量保证

核电站质量保证是为使物项或服务与规定要求相符合并提供足够置信度所必需的一系列有计划的系统的活动(HAF003)。

这个定义表明核电站质量保证包含两个方面的内容：(1)为使各有关物项或服务，例如设计、制造、建造和运行达到相应质量所必需的实际工作。(2)为保证制定和有效地实施适当的《质量保证大纲》，为验证已产生的达到质量的客观证据所必需的工作。因此，质量保证工作不只是质量保证部、质检部两个部门的事。

核电站质量保证就是要让你的相关方(对核电站建造来说就是所有关心核电站质量的业主、核安全局、政府、民众)对你所做的工作、所完成的施工项目的质量有足够的信任和信心，相关方的信任和信心来自你有计划的、有系统的活动和一套完整的记录(即客观证据)。

核电站质量保证是建立在文件基础上的，想得到更多的保证，就应当提供更多的证据，证据越多，相关方对你的信心越足，质量保证就是要让别人确信你所做的事是正确的。

二、核电站建造为什么要实施质量保证

1. 国际原子能机构强制要求

国际原子能机构颁布的核安全法规《核动力厂安全方面的质量保证》(IAEA50-C-QA)要求我们必须执行质量保证。

国际原子能机构的宗旨是：加速扩大原子能对全世界和平、健康和繁荣的贡献，并确保由机构本身，或经机构请求，或在其监督管制下提供的援助不用于推进任何军事目的。

【资料链接】

国际核能监管机构——国际原子能机构

国际原子能机构(International Atomic Energy Agency，IAEA)成立于1956年，是联合国下属的由世界上各成员国加入组成的一个机构，一个专门负责国际核能和平利用和监督管理的专门机构，总部设在奥地利首都维也纳。

国际原子能机构的主要职能是：

(1)负责国际核能和平利用和监督管理。核电项目建设、调试、运行和退役管理都必须在IAEA的批准和监督下进行。

(2)制定核安全系列丛书。包括核安全法规、核安全导则、技术报告及其他技术指导文件等。

2. 国家核安全法规的要求

国家核安全局是国务院负责全国民用核设施安全实施的独立的统一的监督机构。国家核安全局颁布了一系列有关核安全方面的法

规，其中《核电厂质量保证安全规定》(HAF003)要求我们必须执行质量保证。

【资料链接】

中国核能监管机构——中国国家核安全局

1984年国务院决定成立中国国家核安全局(NNSA)，并赋予其独立监督管理中国民用核设施的权利。

1985年中国恢复在国际原子能机构的成员地位，并参与其工作。

1998年国家核安全局并入国家环保总局，设立核安全与辐射环境管理司(国家核安全局)，负责全国的核安全、辐射安全、辐射环境管理的监管工作。

2008年3月国家环保总局升格为环境保护部，对外保留国家核安全局牌子。

中国国家核安全局的主要职责是：

(1)负责核安全和辐射安全的监督管理。

(2)负责拟定与核安全、辐射安全等有关的政策、法律、行政法规、部门规章、制度、标准和规范，并组织实施。

(3)负责核设施核安全、辐射安全及辐射环境保护工作的统一监督管理。

国家核安全局监督组织是国家核安全局派出的执法监督机构——地区监督站，包括：

(1)国家环境保护总局上海核与辐射安全监督站；

(2)国家环境保护总局四川核与辐射安全监督站；

(3)国家环境保护总局西北核与辐射安全监督站；

(4)国家环境保护总局北方核与辐射安全监督站；

(5)国家环境保护总局广东核与辐射安全监督站；

(6)国家环境保护总局东北核与辐射安全监督站。

3.合同和内部管理的需要

核岛安装工程的质量保证体系必须遵循国家核安全局发布的核安全法规 HAF003《核电厂质量保证安全规定》及相关导则和其他标准的规定，并参照执行国际原子能机构 1996 年发布的 IAEA50-C/SG-QA《核电厂和其他核设施安全的质量保证》法规及相关导则的规定，同时满足核电项目不同阶段的《质量保证大纲》、程序及要求。

三、核电站质量保证工作的基本要求

核电站质量保证工作的基本要求是：编制正确的文件，按照正确文件执行工作，工作后留下证据。

在实施质量保证前，首先要明确“工作是什么”“需要做些什么”“怎样去做”“由谁去做”“何时去做”“做得怎么样”。

在实施质量保证时要做到“四个凡事”，即凡事有章可循、凡事有人负责、凡事有人监督、凡事有据可查。

(1)凡事有章可循。凡是与质量有关的工作必须有文件可循、有标准可查。当组织机构得以明确，责任得到落实，如果工作无章可循，必然导致执行程序文件和标准的缺失，进而无法保证整体工作质量。因此凡事有章可循是实现以过程控制、确保整体质量的基本要求。

(2)凡事有人负责。根据工作需要建立起组织机构，使每项工作都有明确的部门或人员负责完成。要让每个部门或人员都具有明确的职责和权限，做到职责的分配既无空白，又不重叠。如果工作有配合或协作关系则应规定各部门或人员的相互接口关系和责任。

(3)凡事有人监督。凡是与质量有关的工作都必须有人检查、有人监督，这是监督主体对责任主体的必要补充和促进。由于监督主体的职责发挥，从另一方面还会激发责任主体的责任意识和质量意识，这对于确保整个工作质量具有不可缺失的作用。

(4)凡事有据可查。凡是与质量有关的工作，都应有相应的记载着质量特性的质量记录。记录包括过程记录、完工记录、交接记录，它是证明和追查质量优劣必不可少的客观证据，必须按程序要求进行编制、标识、收集、保存和管理。质量记录要填写得清晰完整。这是进行问题反查、持续改进的基本依据。如果达不到凡事有据可查，一旦出现问题，将无法进行原因分析和问题整改。因此，工作过程记录和数据保存也是总结经验、持续改进的基础。

【案例】

规则就是让人来遵守的

有一个小故事，是嘲笑循规蹈矩的德国人的：中国的留德大学生见德国人做事刻板，不知变通，就存心捉弄他们一番。大学生们在相邻的两个电话亭上分别标上了“男”“女”的字样，然后躲到暗处，看“死心眼”的德国人到底会怎样做。结果他们发现，所有到电话亭打电话的人，都像是看到厕所标志那样，毫无怨言地进入自己该进的那个亭子。有一段时间，“女亭”闲置，“男亭”那边宁可排队也不往“女亭”这边走动。我们的大学生惊讶极了，不晓得德国人何以“呆”到这份上。面对大学生的疑问，德国人平静地耸耸肩说：“规则嘛，还不就是让人来遵守的吗?”为什么德国有宝马和奔驰？而中国呢？

四、核电站物项质量保证分级

核电站物项质量保证分为：质量保证1级（Q_1级）、质量保证2级（Q_2级）、质量保证3级（Q_3级）、质量保证无级（Q_{NC}级）。

核电站物项质量保证分级是以物项的失灵或服务的差错对核电站安全和可靠运行造成影响为原则的，同时考虑以下因素：

（1）物项或服务的复杂性（例如工艺复杂性、接口复杂性）、独特性和新颖性；

（2）工艺、方法和设备是否需要特殊的控制、管理和检查；

（3）功能要求能在多大程度上通过检查和试验进行证实；

（4）物项、服务、工艺的质量史和标准化程度；

（5）本单位或实施人员对该物项、服务和工艺实施的经验或熟练程度；

(6)物项在安装后,其维修、在役检查、更换和事故工况下的可达性。

核电站质量保证分级的出发点是合理分配有限的资源,最大限度地保证核电站中安全重要的物项或服务的质量。质量保证级别高低不代表质量要求的高低,对于不同质量保证级别的物项或服务,其质量要求是一致的,即均须达到规范、设计、程序等规定的质量要求。

五、核电站质量保证组织

核电站质量保证组织的机构体系与合同方式及业主、承包商的组织机构设置是密切相关的。质量保证组织的机构体系与工程项目的组织机构体系是一致的。在业主和承包商的组织机构中必须设置专职的质量保证部门,并配备专职的质量保证人员,确保质量保证有足够的权力和组织的独立性,质量保证的监察、监督等专职人员要具备规定的资格。但是,质量保证活动不仅仅是专职质量保证机构与人员的活动,质量保证活动是核电站项目整个组织体系的活动。因此,质量保证的组织机构体系与核电站项目的组织体系应该是一致的。

六、核电站质量保证体系

核电站建立全面的质量保证体系是确保核电站安全的一项重要的管理措施。我国核电站有严密的质量保证体系,对选址、设计、建造、调试、运行直至退役等各个阶段的每一项具体活动都有单项的《质量保证大纲》、大纲程序、管理程序和工作程序,并严格执行,如图 3-7 所示。

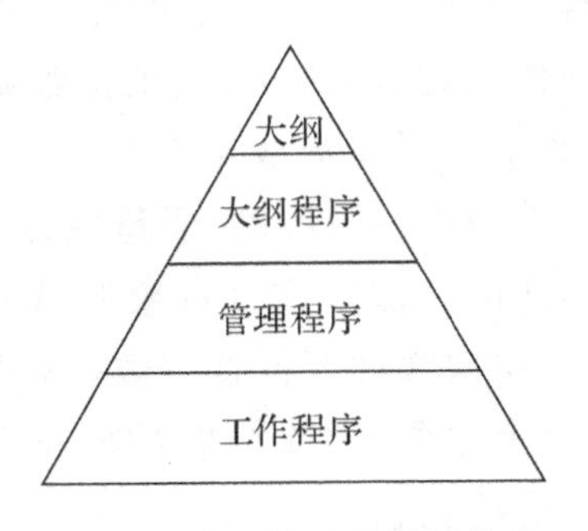

图 3-7　核电站质量保证体系

核电站质量保证体系是一个有机的整体,其主要组成部分为:职责明确的组织机构,层次分明的文件体系,清晰完整的记录制度和训练有素的员工队伍。

1.职责明确的组织机构

核安全法规规定，从事核电站运营的单位应该制定《质量保证大纲》，建立质量保证体系，对核电站的质量做出承诺。参与核电站建造施工及生产维修的单位也要根据业主《质量保证大纲要求》，并结合自己承担的任务，建立一个高效精干，职责明确的组织机构，明文规定各部门的职责、权限和接口，使每一项与质量有关的活动都有相应的部门和人员负责，不漏项，不重叠。若一项活动涉及几个部门，还应明确主次，规定部门之间的衔接关系。这样不致造成相互扯皮和推诿，出现谁都负责、谁都不负责的现象，做到凡事都有人负责。

核电站组织结构形式取决于该组织承担的任务，核电站需要明文规定组织结构形式，并要明确各职能部门和人员的职责、权限和联络渠道。在建立的质量体系中还应详细规定每个岗位的质量职能。

2.层次分明的文件体系

核电站的质量保证文件可以划分为以下三个层次：第一层次（A层次）文件：《质量保证大纲》。它是一个组织的纲领性文件，是对质量保证体系及其组成要素进行的具体描述，是组织为保证质量而对与质量有关的全部活动实施控制的原则规定。第二层次（B层次）文件：管理程序。它对大纲中提出的质量方针、目标、管理职责和体系要素做进一步的阐述，并规定具体的执行控制办法。第三层次（C层次）文件：工作程序，即作业指导书。它包括操作规程、实施条例、工作细则以及图纸、工作指导书等，是对如何执行和验证与质量有关的各项工作提出具体的要求和操作方法的。在这三层文件中第一层次的《质量保证大纲》（即质量手册）是纲领性文件，是总纲，其他两个层次文件都要服从和服务于《质量保证大纲》的规定和要求。三个层次文件要保持一致，下层文件是上层文件的支持性文件，从而形成一个完整的、层次分明的质量保证文件体系，使所有影响质量的活动都处于受控状态。

3.清晰完整的记录制度

质量记录是为完成的活动或达到的结果提供客观证据的文件，是第一手资料，所有的质量保证记录都必须字迹清晰、完整，与所记录的实体相对应，建立并严格执行质量记录制度是质量保证活动的一项重要内容。质量记录制度包括记录的编制、收集、保存、借阅和查询，完整的质量记录可以使分析质量、评价质量和改进质量有据可查。

4. 训练有素的员工队伍

核电站不仅要有一流的设备，而且需要一大批经过专门训练的高素质的员工。所有的员工必须经过严格的培训和考核，合格者才能授权上岗，以使配备的人员能胜任工作，从而防止和减少事故的发生。

【思考题】

1. 核电企业员工行为规范要求？
2. 核电站工作许可证有哪些？
3. 核电站常见的劳动保护用品有哪些？
4. 核电站建造为什么要实施质量保证？
5. 核电站实施质量保证时要做到“四个凡事”，“四个凡事”具体指什么？
6. 核电站质量保证体系由哪些内容组成？

第四章　核电站的安全性

我国在成功地建造了秦山核电站、大亚湾核电站和岭澳核电站等后，目前又有13座核电站正在建设，有25座核电站正在筹建之中。由于受美国三里岛核电站和苏联切尔诺贝利核电站泄漏事故的影响，特别是日本福岛核电站泄漏事故的影响，许多人产生疑虑，核电站安全吗？它的安全可靠性到底如何？

第一节　核电站安全保障措施

我国政府非常重视核安全工作，提出“安全第一，质量第一”“预防为主”的要求和纵深防御的原则。安全第一，要求在核电站各项工作中，特别是核安全与其他问题产生冲突时，始终把核安全作为第一出发点。预防为主，就是对影响核安全的人员、机具、材料、方法和环境实施全过程、全面监控，把事故隐患消灭在萌芽状态。纵深防御是我国政府针对核电站潜在的人为失误及设备故障提出的保证核电站安全的措施，纵深防御贯穿于核电站选址、设计、建造、运行和退役的全过程，我国核电站纵深防御措施包括四道屏障和五道防线。

一、核电站选址的安全性

选择适合建造核电站的地理位置，是核电工程的第一个环节，也是核电安全管理的起点。

选择厂址时既要考虑到厂址地质、地理、气象等自然环境因素对核电站安全的影响，也要考虑核电站周围自然和人文环境对核电站安全的影响，同时还要考虑核电站运行及可能的事故对环境和居民正常生产与生活的影响，如图 4-1 所示。另外，核电站选址还要权衡安全要求与经济运作。

图 4-1　核电站选址的要求

为了防止放射性物质的意外泄漏，核电站选址对地质、地震、水文、气象等自然条件和工农业生产及居民生活等社会环境都有严格到近乎苛刻的要求。这些要求已经以法规的形式确定下来，只有满足要求的厂址，才有可能得到国家核安全监管部门的批准。

在选址过程中要研究调查的是：人口密度与分布、土地及水资源利用、动植物生态状况、农林渔养殖业、工矿企业、电网连接、地形、地震、海洋与陆地水文、气象等历史资料和实际情况。采用的方法也是“兴师动众”的，包括卫星照相、航空测试、地面测量、地下勘探、大气扩散试验、水力模拟试验、理论模型计算等。

二、核电站纵深防御的措施

1. 四道安全保护屏障

为保障公众和环境不受核电站放射性物质的伤害和污染，核电站反应堆设置了四道安全保护屏障，只要其中有一道是完整的，放射性物质就不会泄漏到厂房以外。

第一道屏障是燃料芯块，如图 4-2 所示。燃料芯块是烧结的二氧化铀陶瓷晶体，它的大部分微孔不与外面相通。正常情况下，核裂变产生的放射性物质98%以上都会滞留在这些微孔内。

图 4-2　燃料芯块

第二道屏障是燃料包壳，如图 4-3 所示。它把燃料芯块密封在锆合金包壳内，防止裂变产物及放射性物质进入一回路。

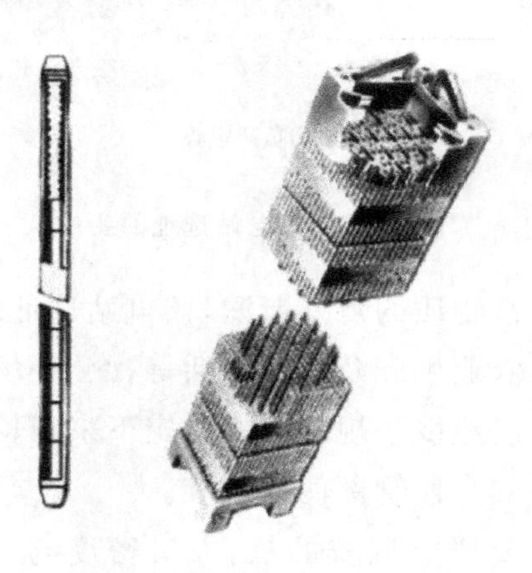

图 4-3　燃料包壳

第三道屏障是一回路边界，如图 4-4 所示。压力容器和一回路承压

图 4-4　一回路边界

的管道和部件是能承受高压的密封体系。即使燃料包壳破损，放射性物质也被包容在压力容器内，不会泄漏到反应堆厂房中。

第四道屏障是安全壳，如图 4-5 所示。它是高大的预应力钢筋混凝土构筑物，一旦压力容器及其管道破漏，放射性物质将被包容在安全壳内，不至于外漏。安全壳可以抵御地震、龙卷风和喷气式飞机冲击等外力的撞击。

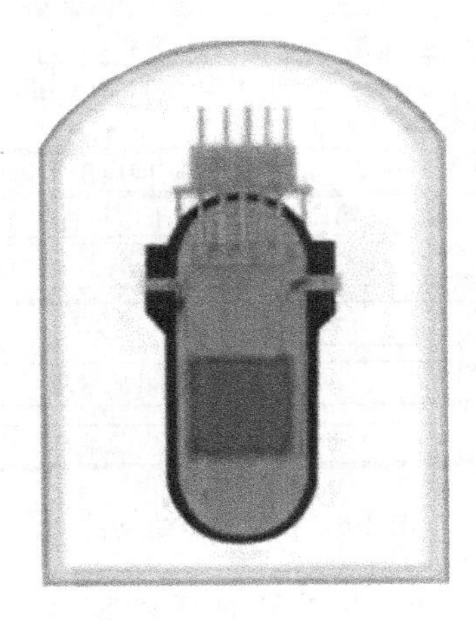

图 4-5　安全壳

2. 五道防线

早期纵深防御主要体现在：①保守的设计；②运行控制；③专设安全设施。在经历过美国三里岛核电站事故以及苏联切尔诺贝利核电站事故以后，业内专家认识到当前纵深防御的不足，从而发展为如今的五道防线，如图 4-6 所示。

(1)第一道防线，预防偏离正常运行。这一层次要求按照恰当的质量水平和工程实践正确保守地设计、建造和运行核电站。

(2)第二道防线，非正常运行控制。目的是检测和纠正偏离正常运行的情况，以防止预计运行事件升级为事故工况。这一层次要求设置由安全分析所确定的专用系统并制定运行规程，以防止或尽量减少这些假设始发事件所造成的损坏。

(3)第三道防线，设计基准事故控制。设计基准事故是基于以下假定：尽管极少可能，某些预计运行事件或始发事件的升级仍有可能未被前

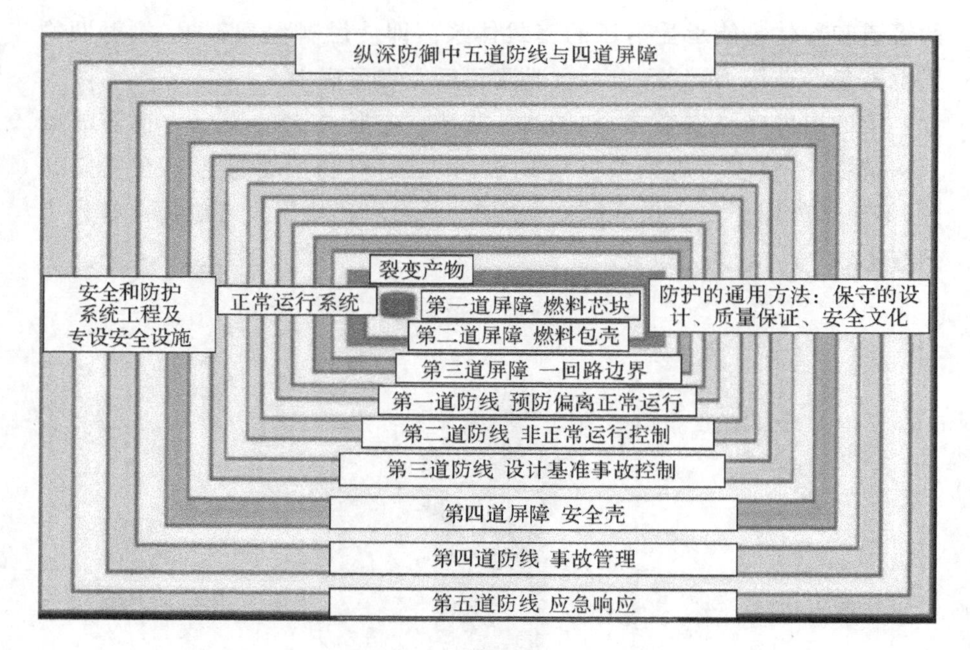

图 4-6 核电站五道防线

一层次的防御所制止，可能发展为更严重的事件。这些极少可能的事件是在核电站的设计基准中所预期的，因此，必须提供固有安全特性、故障安全设计、附加的设备和规程以控制其后果，并在这些事件之后达到稳定的状态。

(4)第四道防线，事故管理。目的是应付已经超出设计基准事故的严重事故，并保证放射性后果在合理、可行、尽量低的水平。这个层次最重要的安全目标是保护包容功能。通过减轻所选定的严重事故的后果，加上事故处置规程，可以完成这个目标。

(5)第五道防线，应急响应。即最后层次的防御目的是减轻事故工况下可能的放射性物质释放后果。这一层次要求具有适当装备的应急控制中心，制订和实施厂区内和厂区外的应急响应计划。

以上防线互相依赖、相互支持，有了这五道防线，核电站就安全了。

【资料链接】

核反应堆与原子弹的区别

核反应堆与原子弹无论在用途、核燃料浓度，还是在使用寿命、可否调控等方面都有质的区别。反应堆是实现可控链式核裂变反应的装置，而原子弹则是实现不可控链式核裂变反应的装置。反应堆的功率可以控制和调节，而原子弹则不能。

啤酒和白酒都含有酒精，由于酒精含量的不同，白酒可以点燃，啤酒不能点燃。核反应堆与原子弹的核燃料中的有效成分是^{235}U，但用作核弹头的核燃料^{235}U的含量必须大于90%，而核电站反应堆中使用的核燃料^{235}U的含量仅有3%左右。就像白酒能够点燃，啤酒无法点燃一样，核电站反应堆不可能像原子弹那样爆炸，如图4-7所示。

图4-7　啤酒、白酒与核反应堆、原子弹的类比

第二节　核电站专设安全设施

核电站专设安全设施是指在反应堆冷却剂系统发生放射性裂变产物释放事故时，使事故得到控制、缓解和终止，以保护公众安全的专门设施。

核电站专设安全设施由安全注入系统、安全壳系统、安全壳喷淋系统、安全壳隔离系统、安全壳消氢系统、辅助给水系统等组成。

一、专设安全设施的功能

(1)向堆芯注入应急冷却水，防止堆芯熔化；
(2)对安全壳气空间冷却降压，防止放射性物质向大气释放；
(3)限制安全壳内氢气浓集；
(4)向蒸汽发生器应急供水。

二、安全注入系统

安全注入系统由高压安全注入系统、蓄压箱注入系统和低压安全注入系统等组成，如图 4-8 所示。

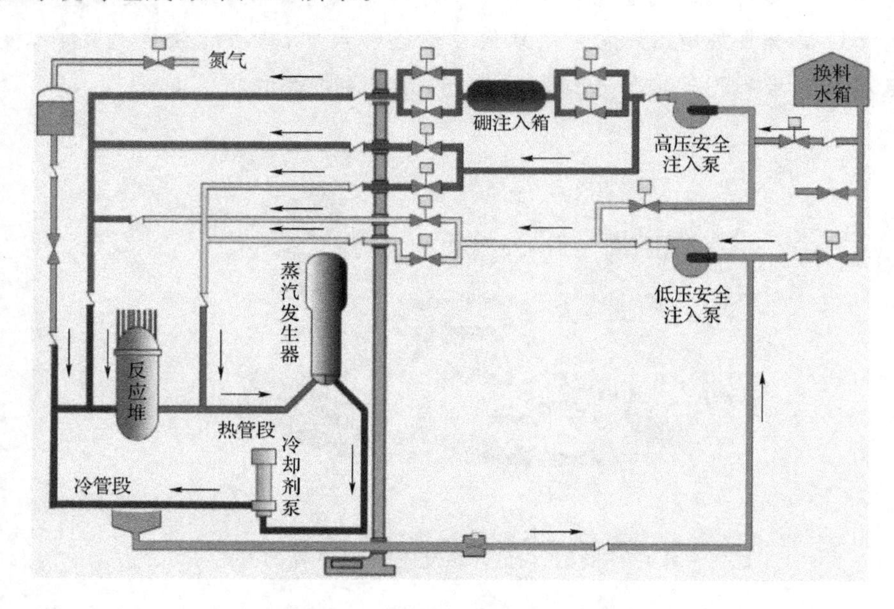

图 4-8　压水堆核电站安全注入系统

安全注入系统的功能是：

(1) 当一回路系统破裂引起失水事故时，安注系统向堆芯注水，保证淹没和冷却堆芯，防止堆芯熔化，保持堆芯的完整性。

(2) 当发生主蒸汽管道破裂时，反应堆冷却剂由于受到过度冷却而收缩，稳压器水位下降，安全注入系统向一回路注入高质量分数的硼水，重新建立稳压器水位，迫使反应堆迅速停堆，并防止反应堆由于过冷而重返临界。

三、安全壳系统

安全壳有三种基本类型：大型干式安全壳、冰凝式安全壳和鼓泡凝结式安全壳。安全壳是核电站纵深防御的最后一道屏障，用以防止在事故条件下放射性物质向环境释放。图 4-9 是 AP1000 非能动安全壳冷却系统。

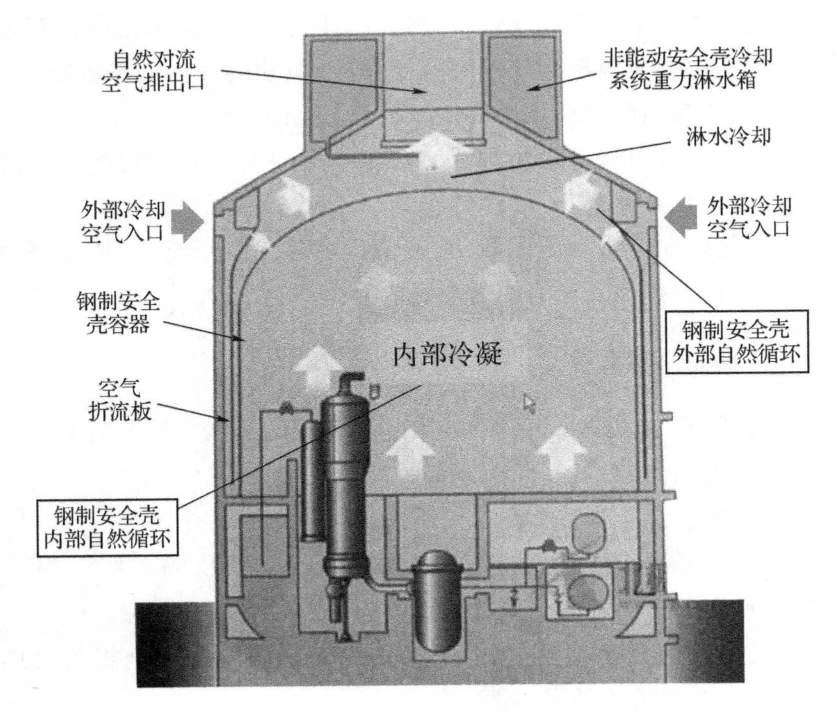

图 4-9　AP1000 非能动安全壳冷却系统

安全壳系统功能是：

(1)在发生失水事故和主蒸汽管道破裂事故时承受内压，容纳喷射出的汽水混合物，防止或减少放射性物质向环境释放，作为放射性物质与环境之间的最后一道屏障。

(2)对反应堆冷却剂系统的放射性辐射提供生物屏蔽，并限制污染气体的泄漏。

(3)作为非能动安全设施，能够在全寿命期内保持其功能，也必须考虑对外部事件(如飞机撞击、龙卷风)进行防护和内部飞射物及管道甩击的影响。

四、安全壳喷淋系统

安全壳喷淋系统由容量相同的两个系列组成，每个系列都能单独满足系统要求。每一系列由一台喷淋泵、一台热交换器、一台喷射器、喷淋管线和阀门组成。该系统的功能是：

(1)在发生失水事故或导致安全壳内温度、压力升高的主蒸汽管道破裂事故时，从安全壳顶部空间喷洒冷却水，为安全壳气空间降温降压，限制事故后安全壳内的峰值压力，以保证安全壳的完整性。

(2)在必要时向喷淋水中加入 NaOH，除去安全壳大气中悬浮的碘和碘蒸汽。

(3)在循环安全注入模式下，安全壳地坑的水需冷却时，安全壳喷淋系统的热交换器排出安全壳内的热量。

五、安全壳隔离系统

安全壳隔离系统是利用设置在贯穿安全壳的流体系统管道上的阀门来实现安全壳隔离的。

该系统的功能是：

(1)安全壳隔离系统为贯穿安全壳的流体系统提供隔离手段，使事故后可能释放到安全壳外的任何放射性物质都包封在安全壳内。

(2)在设计基准事故发生后，隔离贯穿安全壳的非安全相关流体系统，以保持安全壳密封的完整性。

六、安全壳消氢系统

为了满足核岛失水事故后对安全壳内可燃气体的监测和控制要求，压水堆核电站设计中采用了氢气取样系统、事故后安全壳气体混合系统、氢气复合系统和氢气排放系统，以监测、控制安全壳气空间的氢气体积分数，防止失水事故后安全壳内氢气积累到燃烧或爆炸限值水平。

七、辅助给水系统

辅助给水系统主要由储水箱、辅助给水泵和相关的管道、阀门组成。该系统的功能是：

(1)在核电站启动、热备、热停堆和从热停堆向冷停堆过渡的第一阶段，辅助给水系统代替主给水系统向蒸汽发生器二次侧供水；

(2)在事故工况下，该系统向蒸汽发生器应急供水，排出堆芯余热，直至达到余热排出系统投入的运行条件。

第三节　核电站的安全目标

自从核电站诞生以来，安全问题一直是人们所关心的重点，特别是三里岛事故和切尔诺贝利事故，给核电发展留下了难以摆脱的阴影。合理的安全目标能够促进公众对于核能利用的理解，减少世界反核力量，同时对核电设计、运行和管理工作也具有指导意义。近年来，随着人们对于反应堆事故知识不断积累以及核电工程技术的发展，反应堆的安全性在不断地提高。现在许多核电站的开发者和管理者都开始重新考虑安全目标。我国核安全主管部门目前正在考虑建立我国核安全目标体系。

一、安全目标的种类

目前，各个核电国家关于安全目标的定义在形式上是多样的。安全目标的建立旨在以有效的方式促使核电站的运行达到较高的安全标准，将核电站的运行对公众健康和安全以及对环境的影响降低到合理可行的最低程度。安全目标可以分为定性安全目标和定量安全目标，或者根据评价方式分为确定论安全目标和概率论安全目标。安全目标的层次越高，越可能是定性的安全目标。

1986年切尔诺贝利事故后，关于安全目标的研究得到了进一步推动，很多核电国家将多种形式和种类的安全目标组成了一个安全体系。美国核管制委员会(NRC)的安全目标就是一个典型例子。美国核管制委员会制定了纵深防御措施，还在每个层次以及后果估计上制定了相应的安全目标。

美国核管制委员会在1986年发表了安全政策声明，建立了两个最高层次的定性安全目标：①为公众中的单个成员提供一种免受核电站运行影响的保护，使他们的生命与健康不致蒙受明显的额外风险；②核电站运行对生命健康的社会风险应该能与利用现有技术生产电力的风险相一致或更小，并且不应明显地附加其他的社会风险。

由于定性目标的难以操作，美国核管制委员会在公布定性安全目标的同时，还公布了两项定量健康影响目标：①事故造成电站附近区域内个人急性死亡的风险不超过该人通常遇到其他事故造成急性死亡风险的0.1%；②核电站附近区域居民慢性死亡的风险不超过该人潜在癌症死亡风险的0.1%。虽然这一目标对核电站给出了定量的概率要求，但是由于需要三级PSA分析，很难在实际中应用。为了给出便于操作的安全目标，美国核管制委员会公布了大量释放准则，即放射性物质大量释放的总平均概率不应超过1×10^{-6}(堆·年)$^{-1}$(事故缓解)，并且指出可以分解大量释放准则来建立辅助性的定量堆芯损坏频率(事故预防)和安全壳性能(事故缓解)准则，以便在设计中保证纵深防御平衡。对于轻水堆，美国核管制委员会同意对堆芯损坏频率和安全壳失效条件概率分别使用1×10^{-4}(堆·年)$^{-1}$和0.1%的辅助目标，对于下一代核电站堆芯损坏频率采用1×10^{-5}(堆·年)$^{-1}$。

美国核管制委员会赞同在管理的决策过程中使用定性的安全目标，但是不能代替美国核管制委员会的管理规定，也不能代替纵深防御原则。以上的定量概率安全目标是关于后果估计、事故预防、事故缓解等方面的。美国核管制委员会同样在选址准则中针对应急计划的实施做出了一些确定论的安全规定。当预计剂量超出规定的时候，应该实施应急计划(撤离、迁徙、隐蔽)，以保护公众、个人不受到过量的辐射。根据辐射防护水平和应急计划的要求，美国核管制委员会规定事故发生两小时后核电站边界个人全身剂量不能超过250mSv以及在限制区边界上整个事故期间个人全身剂量不超过250mSv。这些规定是基于严重事故的分析而来的，是确定论的。

二、确定论的安全目标

应急计划作为纵深防御的最后一层保护，它对于防止公众和环境受到过量的辐射具有重要的意义。早期的应急计划通常要求事故发生后可以采取撤离、迁徙等行动从而确保核电站附近居民不受到过量的辐射。随着人们对反应堆事故的认识及反应堆安全的加强，对应急计划也提出了更高的要求。

目前，对于下一代的核电站，厂外的应急计划都做了大大的简化。核电站附近居民长期撤离和迁徙不再被允许，而短期内最高的防护仅限于隐蔽。以法国EPR核电技术为例，我们可以使得在事故发生24h内，核电站边界的个人全身剂量不超过10mSv以及事故期间限制区边界上个人全身剂量不超过50mSv。对比以上提取的核电站的安全目标的要求，下一代核电站在干预水平上要求更严格，在应急计划组织实施的时间上更宽松。随着人们对事故的进一步理解，应急计划的进一步简化是一个必然的趋势，在未来的核电站中，无论短期和长期都不必有公众撤离，并将危害严格限制在厂内。

三、概率论的安全目标

1. 健康影响安全目标

健康影响安全目标直接对核电站给公众造成的危害建立了原则性的规定，并且将核电站给公众带来的风险与其他工业给公众带来的风险进行了比较，这一目标避免了公众受到来自核电站过高的风险，例如美国核管制委员会的标准。在一些国家中只使用限值或者目标作为个人风险的标准，而另一些国家同时使用这两个值。对于下一代核电站，许多国家正在考虑采用更为严格的个人健康风险标准。

2. 大量释放准则安全目标

大量释放准则作为事故缓解的一个标准，在核电站严重事故发生频率和健康影响目标之间建立了联系。美国核管制委员会对“大量释放”有两种定义：(1)在核电站边界能够引起急性死亡(核电站边界5Sv剂量)的放射性释放。(2)在核电站边界产生250mSv的释放。如果美国核管制委员会取第二种定义的话，《先进轻水堆用户要求文件》与美国核管制委员会的这一安全目标是相同的。《欧洲用户对轻水堆核电站的要求》中的超过释放界限的释放，实质上是指几种参考核素剂量超过了某一限值。我们可以看到这几个文档的大量释放准则都是对核电站边界个人剂量超过某一数值的概率做出了规定，在本质上是相同的。

另外，虽然美国核管制委员会的大量释放准则在核电站事故发生频率和健康影响目标之间建立了联系，可是美国核管制委员会大量释放准则和健康影响目标之间有明显的不一致。满足美国核管制委员会健康影响目标的核电站，仍可能具有较高事故发生频率。例如 1979 年，美国三里岛事故中，虽然反应堆堆芯有严重的损坏，但对厂外的辐射影响却很小。即使 1986 年的切尔诺贝利事故中，对厂外的辐射影响也比原先以为的要低，并且充分满足美国核管制委员会的定量健康安全目标。

3. 堆芯损伤的安全目标

事故预防是纵深防御策略的重要组成部分，防止堆芯损坏是事故预防的重要环节。关于堆芯损坏的安全目标通常采用堆芯损坏频率来表达。堆芯损坏频率目标明确地表达了对于堆芯损坏事故的预防。由于它只需要一级 PSA，不确定性相对清楚，因此公众更容易理解这一标准。在美国，这一目标作为健康影响目标的辅助工具，在核电站的设计和管理中起着重要的作用。

当前，美国已有核电站堆芯损坏频率从 1×10^{-3}（堆·年）$^{-1}$ 到 1×10^{-6}（堆·年）$^{-1}$，西欧已有核电站的堆芯损坏频率从 1×10^{-5}（堆·年）$^{-1}$ 到 1×10^{-7}（堆·年）$^{-1}$，随着人们对于严重事故进程的认识不断深入，以及工程安全的不断加强，对于堆芯损坏频率的要求也越来越严格。

4. 安全壳失效的安全目标

安全壳是核电站的重要安全设施，它在事故缓解方面起着重要的作用。下一代核电站在纵深防御方面的改进，意味着堆芯损坏的概率大为降低，同时纵深防御的最后一道屏障安全壳失效的概率也大为降低。安全壳失效的安全要求的堆芯损坏与大的放射性物质释放之间建立了联系。国际原子能机构的《核电厂基本安全原则》中建议下一代压水堆安全壳失效的概率应该低于堆芯损坏频率的 0.1，美国核管制委员会的标准与此相同。

5. 土地污染安全目标

下一代核电站一个主要安全目标就是简化应急计划以及维持土地利用的潜在能力。对于当前的压水堆，一旦发生了严重的事故并且产生了大量释放，只要有效执行应急计划，还是可以减少对个人的辐射而不至于对公众造成健康损坏，可是核电站周围的土地却可能会被长期污染，而被禁止定居或用于工业农业生产。这样的事故后果即使事故发生的概率非常低，也是非常可怕的。例如切尔诺贝利事故，尽管这次事故没有造成严重的急性死亡并且没有造成过高的晚发死亡风险率，可是却有严重的大规模土地污染，并因此给公众的心理造成巨大的影响。

切尔诺贝利事故后，许多国家开始了关于土地污染和食品限制的研究。目前，通常使用整个事故期间一种或几种核素释放量作为对土地污染的限值，这一限值主要是为了核电站周围土地的使用而设立的。下一代核电站要求事故后不必有撤离并且不必有长时间的农作物收获限制，土地污染目标对土地的连续使用给出了规定，这比将事故限制在核电站内部的目标更为具体明确。

从以上的分析中可以看出，目前关于新一代核电站的安全目标结合了确定论和概率论两种方式，在应急计划实施、堆芯损坏安全目标、土地污染目标等方面都体现了对纵深防御原则的进一步加强。

【思考题】

1. 核电站安全保障措施有哪些？

2. 请简述安全壳系统的功能。

3. 核电站有哪些安全目标？美国核电站堆芯损坏的频率是多少？

第五章　核电站运行阶段的安全文化

对核电站而言，没有安全就没有发展。核电无小事，“安全第一”这根弦在任何时候都不能有丝毫松懈。为此，核电站在运行期间要以核安全为导向，做好安全监督、辐射防护、消防管理、事故预防和环境保护等工作。

第一节　安全监督

为保证核电站在运行期间的活动和物项满足核安全管理要求和许可证条件，遵守核电站运行安全规定及在安全分析报告与技术规格书中的要求与承诺，使与核安全有关的构筑物、系统和部件的质量、性能满足规定要求，必须加强监督。

一、中国核安全管理的历史和沿革

1.核工业发展初期

中国自20世纪50年代末期开始发展核工业，基于当时的环境，有以下特点：

(1)核设施主要服务于国防和军事，有极强的保密性；

(2)与国际上一样，初期缺乏必要的知识和经验，只是在常规工业的基础上适当考虑了核工业的一些特点；

(3)缺乏系统的核安全思想，没有建立起一套完整的核安全要求以及设计和评价方法，安全主要以辐射防护为主；

(4)由于当时所处的国际环境,在后期没有跟上国际核安全的主流;

(5)没有独立的核安全监管部门。

2.三里岛事故后

1979年的美国三里岛核电站事故在全世界范围内,包括中国引起了巨大的反响,同时20世纪80年代初,随着中国核能和平利用的起步,国内相关部门开始重视核设施的安全问题研究。

3.国家核安全局成立

1984年,经当时的国家科委建议,成立了国家核安全局,中国的核安全管理纳入正式轨道。

(1)国家核安全局成立后,首先开展了秦山核电站的追溯性安全审评(因为秦山核电站一期的设计已基本完成并已开始开工建造),随后开展了引进的大亚湾核电站及一些在役研究堆、燃料循环设施等的安全审评。同时国家核安全局也开展了核安全法规的制定工作,1986年,国家核安全局发布了《中华人民共和国民用核设施安全监督管理条例》《核电厂厂址选择安全规定》《核电厂设计安全规定》《核电厂运行安全规定》和《核电厂质量保证安全规定》,使中国的核安全监督管理具备了一定的法制基础。

(2)20世纪80年代末至21世纪初,国家核安全局先后开展了秦山核电站二期、三期,岭澳核电站,田湾核电站以及低温供热反应堆、高温气冷试验堆、快中子增殖试验堆和燃料循环设施等大量的核安全审评和监督工作,在技术能力上得到很大进步。同时,有关核设施应急、研究堆、核燃料循环设施、放射性废物管理、核材料管制和民用核承压设备管理的一系列法规和实施细则等文件发布,使核安全管理下层的规章得到极大补充和完善,形成了基本完整的法规体系。

(3)近期,为应对能源紧张、环境保护和全球气候问题,我国核电发展策略由“适度发展”转变为“积极发展”,核电的发展速度将会大大加快,在发展中会保持二代改进型核电站、AP1000核电站、EPR核电站、高温气冷堆核电站及俄罗斯核电站多种堆型并举的建设方式,这从资源和技术能力上对核安全管理构成了巨大的挑战。

二、核安全法规体系

我国政府非常重视民用核设施安全管理，先后出台了一系列法规和技术文件，以确保核电站建造的质量和运行的安全。

1. 国际核安全法规的发展

1959 年，美国军方制定《质量大纲要求》(MIL-Q-9858A)和《检验系统要求》(MIL-I-45208A)两个标准。这两个标准是世界上最早提出质量保证要求的质量保证标准。

"二战"期间美国军方认为仅靠工序控制及事后检验不足以保证质量，为保证军工产品质量，1959 年发布了军事标《质量大纲要求》(准 MIL-Q-9858A)，该标准要求对生产全过程进行控制。军方的这种做法很快被涉及人身安全的核能管理和压力容器生产等主管部门采用。

1970 年，美国核管制委员会颁发了联邦法规《核电厂和燃料后处理厂的质量保证准则》(10CFR50 附录 B)。

1971 年，美国国家标准学会借鉴军用标准《质量大纲要求》(MIL-Q-9858A)，制定了国家标准《核电厂质量保证大纲要求》(ANSI-N-45.2)。

1978 年，国际原子能机构(IAEA)集中了各成员国在核电站质量保证方面的经验和意见，组织制定了《核动力厂安全方面的质量保证》(IAEA50-C-QA)和系列导则。

1988 年，国际原子能机构对 IAEA50-C-QA 进行了局部修改发布了 IAEA50-C-QA(REV.1)。

1996 年，国际原子能机构组织各成员国专家根据当时管理理论和实践经验的反馈，对质量保证核安全法规及相关的导则从结构到内容做了全面的修改，并正式发布了新版《核电厂和其他核设施安全质量保证》(IAEA50-C-Q)和 14 个导则(IAEA50-SG-Q1～Q14)。

2006 年，国际原子能机构发布了《设施和活动的管理体系》(GS-R-3)及相应的导则。《设施和活动的管理体系》(GS-R-3)是对《核电厂及其他核设施安全质量保证》(IAEA50-C-Q)的再次修订。

2. 中国核安全法规体系

中国非常重视民用核设施安全管理，先后出台了一系列法规和技术文件，如图 5-1 所示，包括五个层次。第一层次：《中华人民共和国环境保护法》《中华人民共和国放射性污染防治法》《中华人民共和国核安全法》第二层次：由国务院发布的行政法规共 8 个；第三层次：由国家核安全局及相关部门发布的部门规章共 29 个；第四层次：由国家核安全局发布的核安全导则 89 个；第五层次：由国家核安全局发布的技术文件近百个，覆盖了核与辐射安全相关的所有领域，其中第一、二、三层次的文件通称为核安全法规。图 5-2 是中国核安全法规和技术文件体系。

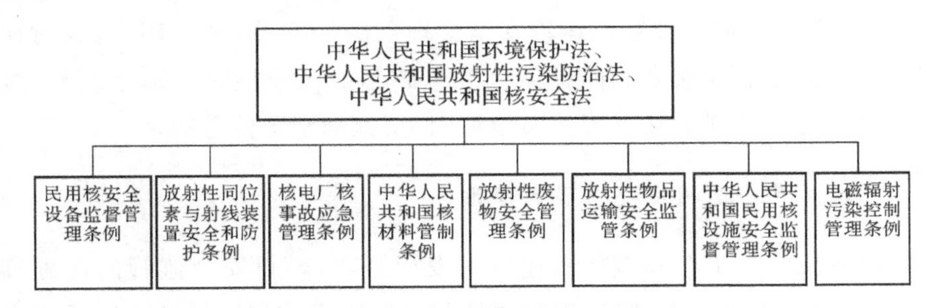

图 5-1　中国核安全行政法规

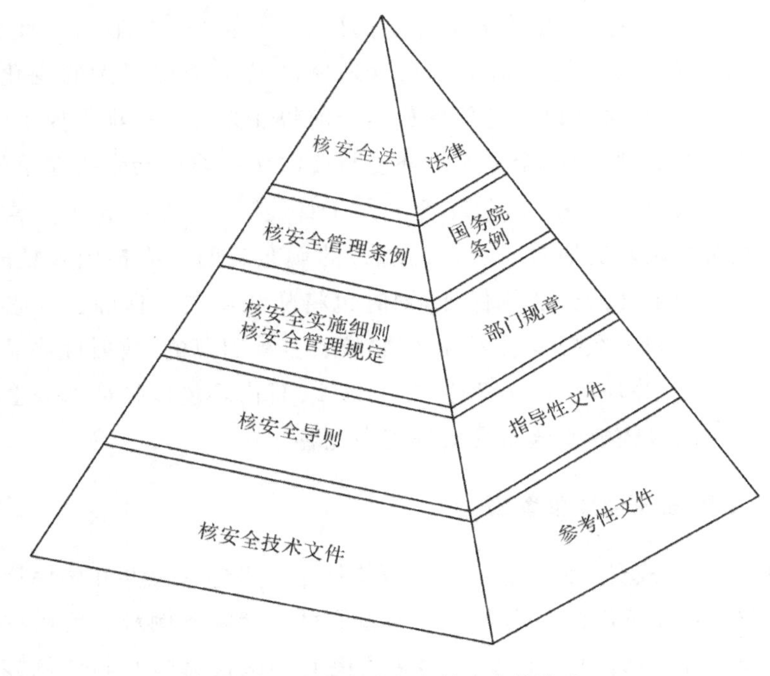

图 5-2　核安全法规和技术文件体系

核安全法规共分8个系列：①通用系列；②核动力厂系列；③研究堆系列；④核燃料循环设施系列；⑤放射性废物管理系列；⑥核材料管制系列；⑦民用核安全设备安全监督管理系列；⑧放射性物质运输管理系列。

目前，我国共有8个核安全法规：①《中华人民共和国民用核设施安全监督管理条例》（HAF001）；②《核电厂核事故应急管理条例》（HAF002）；③《中华人民共和国核材料管制条例》（HAF501）；④《放射性废物安全管理条例》（HAF400）；⑤《民用核安全设备安全监督管理条例》（HAF600）；⑥《放射性物品运输安全管理条例》（HAF700）；还有《放射性同位素与射线装置安全和防护条例》《电磁辐射污染控制管理条例》。每个核安全行政法规下又有若干实施细则、实施细则附件等规章。

3.近几年中国核安全法规的建设

随着我国核工业和核技术应用的发展，核与辐射安全监管的任务日趋繁重，难度越来越大，我国现行的核与辐射安全监管法规已不能适应当前核电站建设的需要。现行的核安全与辐射防护法规、导则大部分是1990年前后发布的，主要技术指标是国际上20世纪80年代的水平，近年来，核工业的规模、技术水平以及管理体制发生了相当大的变化。因此，加快修订现行法规以适应新形势是当前势在必行的一项重要工作。

在法律层面，我国由全国人大环境与资源保护委员会牵头起草的《中华人民共和国核安全法》于2017年9月1日经第十二届全国人大常委会第二十九次会议表决通过。《核安全法》的颁布有助于维护国家核安全，为防止核恐怖主义做出法律保证，同时也将从法律层面保障公众参与核电站建造的权利。在规章层面，由国家核安全局起草的《放射性物品运输安全管理办法》等规章，已于2016年2月28日由环境保护部部务会议审议通过。我国核辐射安全监管法规正在完善之中。

三、中国核安全监督管理

目前，中国核安全监督管理的主要依据是：《中华人民共和国民用核设施安全监督管理条例》《中华人民共和国核材料管制条例》和《民用核安全设备安全监督管理条例》。其中《中华人民共和国核材料管制条例》和《民用核安全设备安全监督管理条例》主要涉及核材料和民用核安全设备的特殊领域;《中华人民共和国民用核设施安全监督管理条例》是针对所有核设施。

1. 核安全监督管理目的

保证民用核设施建造和营运的安全,保障工作人员和群众的健康,保护环境,促进核能应用事业的发展。

2. 条例适用的范围

(1)核动力厂:核电厂、核热电厂、核供热供汽厂;
(2)其他反应堆:研究堆、实验堆、临界装置;
(3)核燃料生产、加工、贮存及后处理设施;
(4)放射性废物的处理和处置设施;
(5)其他需要严格监督管理的核设施。

3. 核安全监督管理的要求

(1)在核电站选址、设计、建造、运行和退役中始终贯彻安全第一;
(2)需要足够的措施保证质量,保证安全运行,预防事故,限制可能的有害影响;
(3)要保障群众、工作人员和环境的辐射和污染不超过国家规定限值,并且减至可以合理达到的尽量低的水平。

4. 核安全监督管理部门的职责

(1)国家核安全局:对核设施进行安全统一的监督,独立行使核安全监督权。①组织起草、制定安全规章,审查安全技术标准;②组织审查、评定核设施安全性能和营运单位保障安全的能力,颁发或吊销许可证件;③实施核安全监督;④负责核安全事故的调查、处理;⑤协同有关部门指导和监督核设施应急计划的制订和实施;⑥组织开展核设施安全与管理科学研究、宣传教育及国际联系;⑦会同有关部门调解和裁决核安全纠纷。
(2)国家核安全局设立的安全监督派出机构。核安全专家委员会:协助制订核安全法规和核安全技术发展规划,参与核安全的审评、监督。核设施主管部门:对核设施营运单位负有领导责任的国务院和省、自治区、直辖市政府的有关行政机关。①负责所属核设施的安全管理,保证给予营运单位必要的支持,对其进行督促检查;②参与核安全法规的起草和制定,组织制定核安全技术标准并向国家核安全局备案;③组织核设施场内应急计划的制订和实施,参与场外应急计划的制订和实施;④负责各类人员的培训和考核;⑤组织核能发展方面的核安全科学研究工作。核设施营运单位:申请或持有核安全许可证,可以经营和运行核设施的组织。①遵守法律、法规和标准,保证核设施的安全;②接受国家核安全局监督,及时、如实地报告安全情况,并提供有关资料;③对核设施、核材料、工作人员、群众和环境的安全承担全面责任。

5.核安全监督管理的内容

(1)国家核安全局及其派出机构的监督管理内容。①审查所提交的资料是否符合实际;②监督是否按批准的设计建造;③监督是否按批准的《质量保证大纲》管理;④监督建造和运行是否符合核安全法规和许可证条件;⑤考察营运人员是否具备安全运行及执行应急计划的能力;⑥其他任务。

(2)核安全监督员。核安全监督员由国家核安全局任命并发给"核安全监督员证"。核安全监督员凭证件有权进入核设施制造、建造和运行现场调查情况、搜集资料。必要时国家核安全局有权采取强制性措施,命令营运单位采取安全措施或停止危及安全的活动。营运单位有权拒绝不利于安全的任何要求,但对强制性措施必须执行。

6.核安全监督管理的管理模式

中国的核安全监督管理采用国际通用的管理模式,即实行核设施安全许可制度,国家核安全局负责制定、批准和颁发核设施安全许可证件:

(1)核设施建造许可证。由核设施营运单位建造前申请,获得批准后动工。

(2)核设施运行许可证。由核设施营运单位申请,经审核批准后,方可装料、启动;获得"核设施运行许可证"后,方可正式运行。

(3)操纵员执照。持有"操纵员执照"的人员可担任操纵核设施控制系统的工作;持有"高级操纵员执照"的人员可担任操纵或指导他人操纵核设施控制系统的工作。

(4)核设施的迁移、转让或退役必须向国家核安全局提出申请,经审查批准后方可进行。

第二节　辐射防护

由于对核辐射的了解不够，人们普遍存在“谈核色变”和无视过量辐射危害两个极端。更由于放射性已经被广泛应用于医学、农业、食品、天文、地理、考古和探矿等有关国计民生的多个方面，人们对许多现代生活用品使用过程中是否有核辐射存在疑虑。事实上辐射无处不在，人本来就生活在一个充满辐射的世界里，我们吃的食物、住的房屋、天空大地、山川草木，乃至人的身体内部都存在放射性核素，这种辐射称为天然本底辐射。除此之外，人们还会接受天然本底以外的额外辐射，如戴夜光表、做 X 光检查、乘飞机、吸烟、看电视等。公众所受的辐射有 80%以上来自大自然，如果没有辐射，生物将无法生存。

一、核辐射

1. 放射性

组成世界万物的元素有 100 多种，每种元素又有两种或多种同位素(原子核中质子相同但中子数不同)。在目前已知的 2000 多种同位素中，只有少数几百种是稳定的，其余绝大部分都是不稳定的。不稳定的同位素自发地以辐射射线的形式释放原子核内多余的能量，从而衰变成另一种较为稳定的同位素，如图 5-3 所示，不稳定同位素的这种性质称为放射性。

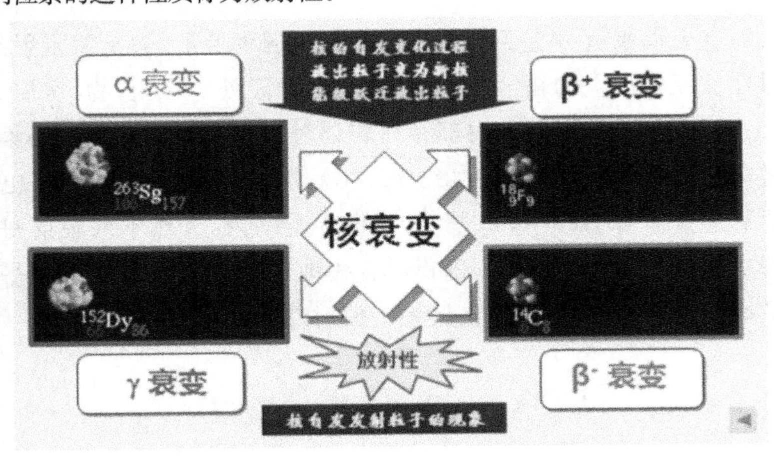

图 5-3　同位素自发发射射线的现象

2. 核辐射

放射性物质以波或微粒形式发射出的一种能量就叫核辐射。核爆炸和核事故都有核辐射，核辐射有带电粒子和非带电粒子，带电粒子 α、β、p，非带电粒子 X、γ、n，如图 5-4 所示。辐射分为电离辐射和非电离辐射两类。α 射线、β 射线、γ 射线、X 射线、质子流 p 和中子流 n 等属于电离辐射，而红外线、紫外线、微波和激光则属于非电离辐射。通常将电离辐射简称为辐射或辐射照射。

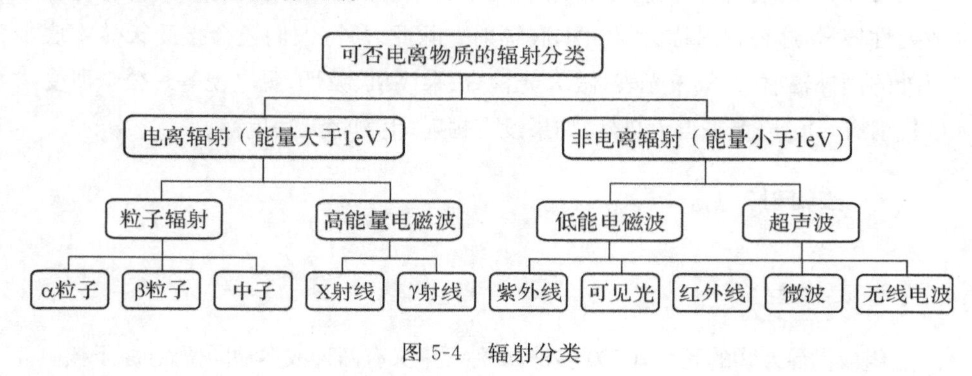

图 5-4　辐射分类

二、内照射和外照射

1. 天然本底辐射

人类有史以来就一直受着天然电离辐射源的照射，包括宇宙射线、地球放射性核元素产生的辐射等。事实上，辐射无处不在，食物、房屋、天空大地、山水草木，乃至人们体内都存在着辐射照射。人类所受到的集体辐射剂量主要来自天然本底辐射（约 76.58%）和医疗（约 20%），核电站产生的辐射剂量非常小（约 0.25%）。在世界范围内，天然本底辐射每年对个人的平均辐射剂量约为 2.42mSv，有些地区的天然本底辐射水平要比这个平均值高得多，图 5-5 是自然界中放射性物质的含量。

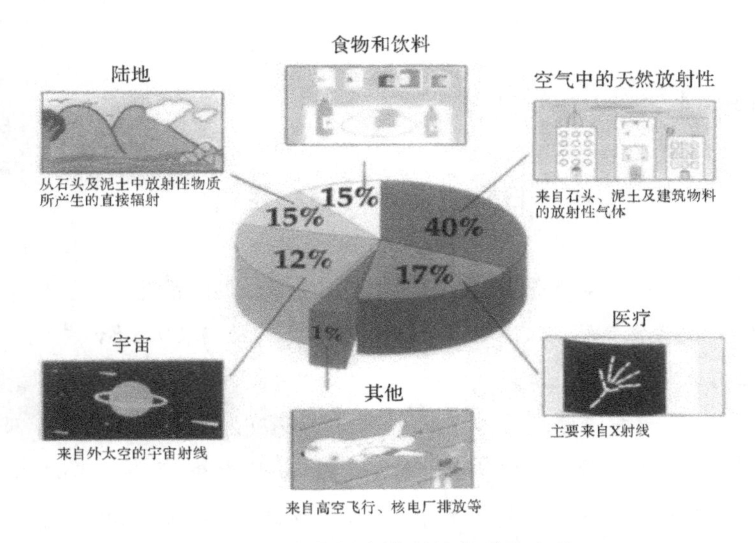

图 5-5　自然界中放射性物质的含量

2. 人类接受辐射的途径

人类接受辐射有两个途径，根据放射源的远近分为外照射和内照射。体外辐射源对人体的照射称为外照射；进入人体内的放射性核素作为辐射源对人体的照射称为内照射。α、β、γ 三种射线由于特征不同，其穿透物质的能力也不同，它们对人体造成危害的方式也不同。α 射线只有进入人体内部才会造成损伤，这就是内照射；γ 射线主要从人体外对人体造成损伤，这就是外照射；β 射线既造成内照射，又造成外照射，图 5-6 是 α、β、γ 射线和中子流 n 的穿透能力。

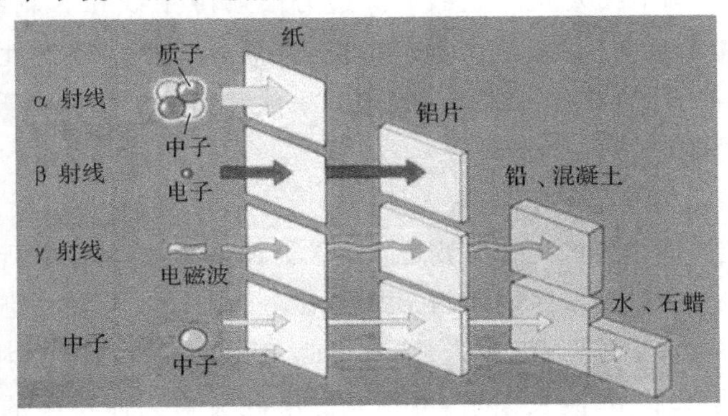

图 5-6　射线和中子流的穿透能力

【资料链接】

日常生活中的辐射量

世界平均而言，一个人在一年间接受天然本底辐射的剂量约为2.42mSv，其中来自宇宙的0.39 mSv，来自食物的0.29 mSv，来自大地的0.48 mSv，来自空气的1.26 mSv。

一般公众一年的辐射限量（除去医学治疗）为1000μSv/a，胸部X射线断层透视、CT检查为6900μSv/次，胃部X射线检查为600μSv/次，胸部X射线检查为50μSv/次，飞机往返东京和纽约为200μSv/次。

三、核辐射的危害

各种射线的辐射对各种生物，包括人类都有一个量的规定，在规定量范围内，对各种生物不会造成危害，但是超出规定量的辐射对其附近的各种生物都会造成伤害，如鱼类、鸟类、各种兽类以及各种植物，还会污染水体、土壤、空气，同时通过各生物之间的食物链，又会出现放射物的积累，最终还是会影响人类身体的健康。

α射线只要用一张纸就能挡住，但吸入体内危害大；β射线照射皮肤后烧伤明显，但这种射线由于穿透力小，影响距离比较近，只要辐射源不进入体内，影响不会太大；γ射线的穿透力很强，γ射线和X射线相似，能穿透人体和建筑物，危害距离远。宇宙、自然界能产生放射性的物质很多，但危害都不大，只有核爆炸或核电站事故泄漏的放射性物质才会大范围地对人员造成伤亡。

电磁波是很常见的辐射，对人体的影响主要由功率（与磁场强弱有关）和频率决定。通信用的无线电波是频率较低的电磁波，如果按照频率从低到高（波长从长到短）次序排列，电磁波可以分为：长波、中波、短波、超短波、微波、远红外线、红外线、可见光、紫外线、X射线、γ射线、宇宙射线。以可见光为界，频率低于（波长大于）可见光的电磁波对人体产生的主要是热效应，频率高于（波长小于）可见光的射线对人体主要产生化学效应。

四、核辐射对人类健康的影响

当短时辐射量低于100mSv时，辐射无法危害到人的身体；辐射量超过100mSv时，就会对人体造成危害。100m～500mSv时，血液中白细胞数在减少，但没有疾病的感觉；1000m～2000mSv时，辐射会导致轻微的射线疾病，如疲劳、呕吐、食欲减退、暂时性脱发、红细胞减少等；2000m～4000mSv时，人的骨髓和骨密度遭到破坏，红细胞和白细胞数量极度减少，有内出血、呕吐等症状；大于4000mSv时将直接导致人死亡。人体一年可承受的最大辐射为1mSv(不包括日常生活中的辐射)。图5-7是不同辐射值对人体的危害。

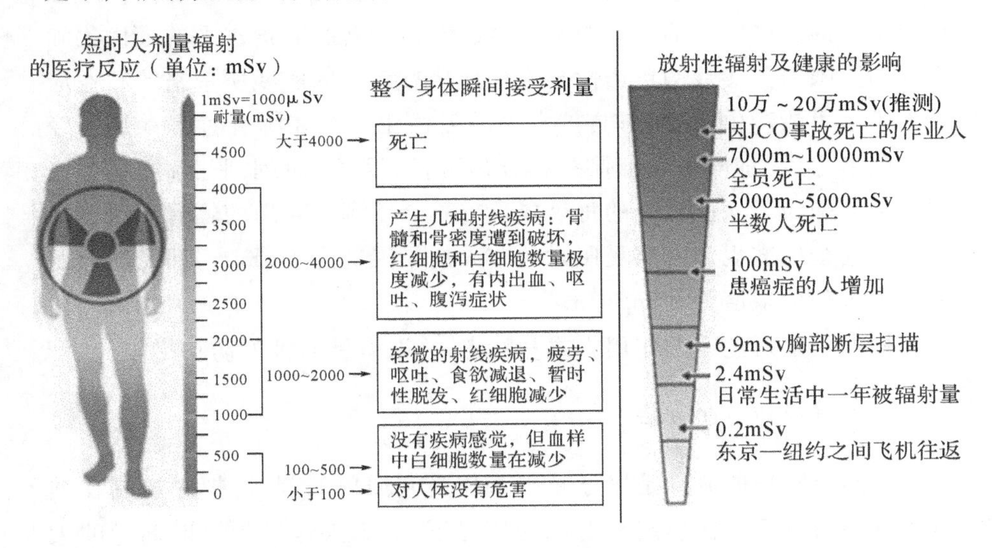

图5-7　不同辐射值对人体的危害

【资料链接】

日本福岛第一核电站反应堆发生爆炸后核辐射实时测量值

2011年3月16日上午10时，日本福岛第一核电站第3号反应堆发生了爆炸。福岛第一核电站正门核辐射实时测量为：γ射线2672μSv/h，近似于进行了 2 次 X 光检查。3 月 15 日，东京的核辐射测量值为 0.809μSv/h，在东京目前的环境下，待 1 年所接受的辐射量略大于一次胸部 X 光扫描，不会对人体造成伤害。

五、核辐射的防护

1. 核辐射防护的原则

人们在对辐射产生健康危害的机理进行大量的理论和实验研究基础上，建立了有效的辐射防护体系，并不断加以发展和完善。目前，国际上普遍采用的辐射防护的三个原则是：实践的正当性、防护水平的最优化和个人剂量限值。实践的正当性要求任何伴有辐射的实践所带来的利益应当大于其可能产生的危害；防护水平的最优化是指在综合考虑社会和经济等因素之后，将辐射危害保持在合理可行、尽量低的水平上；规定个人剂量限值是为了保证社会的每个成员都不会受到不合理的辐射照射。国际基本安全标准规定公众受照射的个人剂量限值为 1mSv/a，而受职业照射的个人剂量限值为 20mSv/a。

根据核辐射危害的作用方式和特点，采取有针对性的防护措施。

2. 外照射的防护方法

外照射防护的原则是尽量减少人体受到照射的剂量，把它控制在剂量当量限值以下。在确定辐射源的情况下，决定人体受到照射剂量的大小的因素是离辐射源的距离、照射时间和屏蔽情况。因此，外照射的防护应从距离、时间和屏蔽三个要素上考虑。

(1)距离——增大与辐射源的距离。对于核辐射“点”源，辐射强度与距离的平方成反比。因此，增大人体与辐射源的距离是降低人体受照射剂量最简单有效的途径。

(2)时间——缩短辐射照射的时间。在相同的核辐射场中，人体受照时间越长，接受的剂量也越大。对于辐射防护来说，在一切接触到核辐射的环境中，都应以尽量缩短受照时间为原则。

(3)屏蔽——在辐射源周围设置屏蔽物。核辐射通过物质层时由于电离碰撞或其他作用过程而被吸收,射线强度被减弱。因此,根据辐射源的性质,可在其周围加上一层合适的和足够厚的屏蔽材料,在辐射源和救援人员之间设置屏蔽层,"阻挡"或"减弱"核辐射粒子对人体的照射。如:避免淋雨;尽量减少裸露部位;穿长衣(白色为好);戴帽子、头巾、眼镜、手套,穿雨衣和靴子等(甲状腺部位尤其重要)。

3. 内照射的防护方法

内照射是由于直接吸入承载放射性物质以及通过口腔咽下或通过皮肤、伤口使放射性物质进入体内,造成危害的照射。因此,内照射可通过减少放射源数量,包括大气、人体或物体表面的辐射量;穿戴防护衣,防止皮肤直接接触辐射源;戴正压呼吸面具或气衣,防止吸入放射性微尘;禁止在控制区吃、喝、吸烟,限制食入放射性物质的途径;避免带有裸外伤进入辐射控制区等方式进行防护。

第三节 消防管理

对于一个运行的核电站来说,消防管理是保障核电站核安全的重要内容。核电站发展的历史经验表明:核电站火灾与核事故在一定条件下,特别是在严重事故条件下,可能相互派生或转化。因此核电站要建立完整的消防管理体系。

一、核电站消防设计的特点

1. 核电站消防设计的功能

核电站消防设计的功能主要体现在纵深防御思想的应用,即按"三同时"的要求,在设计阶段就全面系统地考虑下列三个层次的防御。

第一,防火。即尽量减少潜在的火灾危险(严格设备材料的选择、布置方式等)和控制火灾的蔓延(大量采用阻燃技术、防火分区、防火屏障等)。

第二,探火。即迅速探测初起火灾,确定起火部位和发出报警信号。

第三,灭火。即保证人员的行动自由(通风、排烟、通道的设计等),并为运行人员提供各种灭火手段，包括固定灭火系统和移动灭火系统。

2. 核电站消防设计的特点

核电站消防设计最突出的特点是：火灾被作为造成核电站共同模式故障的主要外部因素。火灾引起的共同模式的故障是指发生火灾可能会导致机组的两个安全系列均不可用，丧失了应有的安全功能。为此安全相关设备的实体隔离、多重消防系统保护以及消防系统本身的动力电源、水源的多重设计，也就成为核电站消防设计的一大特色。

二、核电站消防管理

1. 消防管理的地位和目标

首先，核电站的消防管理被纳入核安全管理的范畴。即无论在何种工况下（运行、换料大修、事故工况等）都必须首先保证电站的核安全功能不会因火灾而丧失或削弱。

其次，核电站消防的基本目标是：确保火灾情况下的人身安全，包括运行人员和灭火人员的安全，并限制那些因火灾而导致重要设备的损坏的事故的发生，减少经济损失。

2. 消防工作的方针

核电站消防工作的方针是：预防为主、防消结合。而这一方针的贯彻又是在结合核电站消防特点的基础上通过纵深防御的思想来体现的。纵深防御的概念是对核安全活动提出来的，其实质是提供相互重叠的多层次保护，以提高保护的可靠性。它要求在缺少某一层次防御时，尽管仍有其他层次的防御，但不能作为继续运行的充分依据，即各层次的防御都必须始终有效。

纵深防御的思想在核电站消防中是普遍适用的。大到整个核电站的消防保护，小到作业和运行操作的防火，都必须深入分析实际或潜在的火灾危险性，在管理和技术两方面采取措施，切实消除隐患，达到预防的目的。

3.消防管理的体系

根据法规要求和国际上核电站消防管理的成功经验，我国核电站建立了一个有自己特色的消防管理体系。这个体系主要由消防保证体系和消防监督体系构成。

(1)消防保证体系。该体系由三个要素构成：①以行政第一把手为第一责任人的消防安全责任制。这一制度规定了组织机构中的各个管理层次直至每个员工所需承担的消防责任。②完整的过程管理。即用管理程序的形式，严格规定了各种防火、探测报警、灭火的过程。在防火方面，过程管理的内容包括：厂房管理、工作准备、现场物料存放、现场危险品存放、动火作业、防火屏障、消防系统隔离、设计变更与新设计、消防用水等九个方面。③良好的硬件设施与人力资源保障。核电站的消防设施、系统、设备同生产运行设施、系统、设备一样，纳入规范的运行、维护、技术监督管理的范畴。首先，消防系统设备的质量级别原则上与被保护对象同一级别。例如，反应堆主泵的消防系统被定为核安全相关系统，即所谓的“安全相关级”，主变压器消防系统被定为“质量相关级”。其次，核电站的运行人员负责消防系统的运行管理，核电站的维修部门负责系统的维修、保养和维护，核电站的工程设计部门负责系统及各类消防设施、材料的设计变更、控制。

核电站消防系统主要有：①火警探测系统；②消防水分配及辅助厂房系统；③消防水生产系统；④移动式和便携式消防系统；⑤变压器灭火系统；⑥厂区消防水分配系统；⑦柴油发电机灭火系统；⑧专设的火灾排烟系统。

在人力资源方面，核电站在全员参与的基础上，根据员工工作岗位的性质和特点，建立了消防培训授权制度和火灾响应体系。消防培训和授权制度的基本要求是电站的每一名员工都必须参加与自己岗位对应级别的消防培训，考核通过后，方能获得上岗工作的授权。这种培训和授权的有效期限一般为1～2年，期满后员工必须重新培训(称为复训)，考试合格后，更新授权。

在火灾响应体系方面，根据核电站的特殊性建立了“四级”响应体系，如图5-8所示。

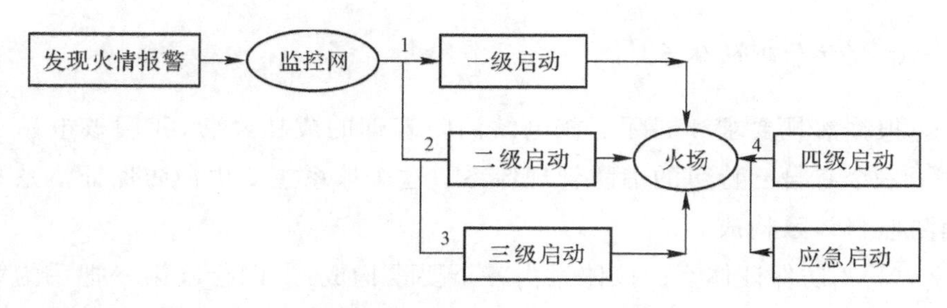

图 5-8　核电站火灾"四级"响应体系

一级启动：火情目击者和先到场的人员；二级启动：运行值班人员；三级启动：厂区消防队；四级启动：厂外消防力量。在此情况下，核电站根据应急计划启动应急响应体系。

(2)消防监督体系。该体系由三大要素构成：①消防监督网络。首先，核电站的消防属于核电站质量保证监督机构，是质量保证部的监控范围。该部门根据法规和核电站的《质量保证大纲》的要求实施独立监督。其次，核电站的安全监督机构中设有工业安全科，该科的主要职能之一是实施整个核电站的消防专业管理和专业技术的监督。第三，各责任部门设兼职"厂房经理"和"安全员"，负责本部门的"自我监督"，并在技术上接受工业安全科的指导。第四，参与核电站运行值班的核安全技术顾问，对与核安全相关的消防部分实施 24 小时在线独立监督。第五，作为核电站安全方面的最高横向协调和决策机构，核电站安全委员会定期检查核电站的消防状态。②《消防监督大纲》。核电站的消防监督是严格按照《质量保证大纲》、运行技术规范和消防管理及技术程序进行的，其主要内容包括：厂房经理巡查、启动前检查、运行监督、定期试验、维修监督、独立验证、处罚。③经验反馈体系。为了及时反馈消防管理和消防技术方面的经验教训，及时消除缺陷，纠正失误，引进新方法新技术，核电站的消防监督体系还包括经验反馈系统。这一系统的主要构成有：内部消防事件的报告、调查、分析、处理制度，消防事件的定级与指标体系，消防数据库，消防状态评估与趋势分析，国际同行交流。

我国核电站自商业运行以来，消防管理取得了良好的业绩。迄今为止核电站未发生过一起火灾。

第四节　事故预防

自1954年苏联建成人类历史上第一座实验核电站以来，利用核能发电已有60多年的发展历史。目前，世界上多数核电机组采用的是相对成熟的二代、三代核电技术，第四代核电技术正在紧密研究实验中；我国利用核能发电起步较晚，面对惨痛的历史教训，我国核电企业不仅要重视核电安全，而且还应加强核电事故的预防管理工作，尤其是人因事故。

一、核事故分级标准

1990年国际原子能机构(IAEA)起草并颁布了国际核事故分级标准(INES)，颁布国际核事故分级标准旨在设定通用标准以及方便国际核事故交流通信，用于评估核事故的安全性影响程度。核事故分为7级，其中7～4级称为事故，3～2级称为事件。核事故分级类似于地震级别，灾难影响最低的级别位于最下方，影响最大的级别位于最上方，如图5-9所示。

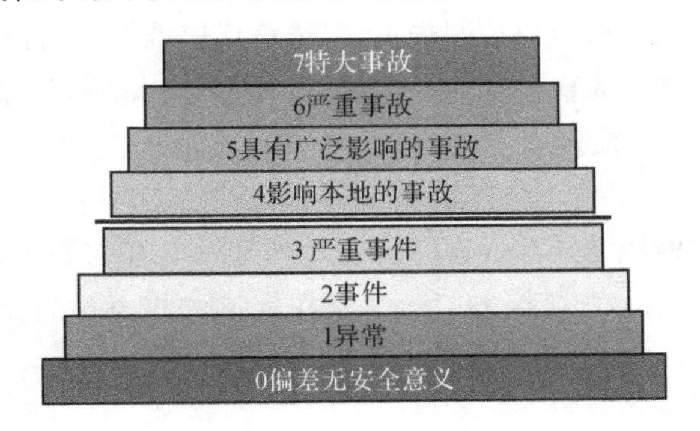

图5-9　核事故分级

第7级核事故是特大事故。其评估的标准是有大量核污染泄漏到工厂以外，给人类造成巨大的健康和环境影响。这一级别的事故历史上仅有两例，为1986年4月26日切尔诺贝利核事故和2011年3月12日福岛核事故。

第6级核事故是严重事故。其评估的标准是有一部分核污染泄漏到工厂外，需要立即采取措施来挽救各种损失。这一级别的事故历史上仅有一例，为1957年9月苏联克什特姆(Kyshtym)核燃料处理厂的核事故。事故当时有70～80t核废料（钚）发生了爆炸并散播至800km^{2}的土地上。

第5级核事故是具有广泛影响的事故。其评估的标准是有限的核污染泄漏到工厂外，需要采取一定措施来挽救损失。这一级别的事故至今共计有4起，这4起核事故是：1952年加拿大恰克河核事故；1957年英格兰西北部的温德斯凯尔（现改名塞拉菲尔德）核电站反应堆起火，释放出放射性云雾；1979年美国三里岛事故；1987年发生于巴西戈亚尼亚医疗辐射事故。

第4级核事故是影响本地的事故。其评估的标准是非常有限但明显高于正常标准的核物质被散发到工厂外，或者反应堆严重受损或者工厂内部人员遭受严重辐射。最近的一次第4级核事故为2011年3月11日福岛核电站事故（4月12日后升为7级）。

第3级核事件称为严重事件。其评估的标准是很小的内部事件和外部放射剂量在允许的范围之内，或者严重的内部核污染影响至少1个工作人员。这一级别事件包括1989年西班牙巴德斯（Vandellos）核事件，当时核电站发生大火造成控制失灵，但最终反应堆被成功控制并停机。

第2级核事件为事件。这一级别对外部没有影响，但是内部可能有核物质污染扩散，或者直接过量辐射了员工，或者操作严重违反安全规则。

第1级核事件为异常。这一级别对外部没有任何影响，仅为内部操作违反安全准则。2010年11月16日在大亚湾核电站发生的事故属于这一级别。

【资料链接】

1. 切尔诺贝利核事故

切尔诺贝利核事故是一件发生在苏联统治下乌克兰境内切尔诺贝利核电站的核子反应堆事故。该事故被认为是历史上最严重的核电事故，也是首例评为第7级事故的特大事故。图5-10是切尔诺贝利核电站第4号反应堆爆炸后的场景。

图 5-10　切尔诺贝利核电站第 4 号反应堆爆炸后的场景

1986 年 4 月 26 日，乌克兰普里皮亚季邻近的切尔诺贝利核电厂的第 4 号反应堆发生了爆炸。连续的爆炸引发了大火并散发出大量高能辐射物质到大气层中，这些辐射尘埃涵盖了大面积区域。这次灾难所释放出的辐射线剂量是二战时期爆炸于广岛的原子弹的 400 倍以上。

切尔诺贝利核事故被称作历史上最严重的核电事故。事故后前 4 个月内有 30 人死亡，之后 15 年内有 6 万～8 万人死亡，13.4 万人遭受各种程度的辐射疾病折磨，方圆 30km 内的 11.5 万多民众被迫疏散，切尔诺贝利城因此被废弃。

2. 福岛核事故

福岛核电站地处日本福岛工业区。它是目前世界最大的核电站，由福岛一站、福岛二站组成，一站有 6 台机组，二站有 4 台机组，共 10 台机组，均为沸水堆。

2011 年 3 月 11 日下午 14 时 46 分，日本发生了历史上最大的 9 级地震。地震造成福岛核电站周围高压输电线塔的大量倒塌，使福岛核电站中央控制室的外部供电全部中断。地震发生 51 分钟后，强震引发的高达 10m 以上的海啸巨浪侵袭了福岛核电站，应急柴油发电机、蓄电池房进水而无法工作，核电站陷入丧失所有电源的最险恶的境地。电源丧失 8 个多小时后，1 号机组原子炉内大量的放射线开始泄漏，为防止原子炉爆炸，必须向空中释放原子炉内的气体，为原子炉减压。3 月 12 日 14 时 30

分，实施放气作业。放气一个小时以后，整个1号机组的厂房因本次事故中产生的大量氢气而发生了爆炸。此时，非常严重的核污染已经发生。紧接着3号机组也发生了爆炸，3月15日，容量最大的2号机组发生了严重的熔融、核泄漏。

2011年4月12日，日本原子能安全保安院根据国际核事件分级标准，将福岛核事故由原先的4级升为最高级7级。图5-11是福岛第一核电站3号反应堆爆炸时的场景。

图5-11　福岛第一核电站3号反应堆爆炸时的场景

二、核电站人因事故分析

当前，核电技术发展最为普及的是法国，其核电发电量占本国总发电量的70%之多。根据美、日、法、德等6国的联合调查统计资料显示，核电站中的人因事故比例，平均值超过60%，最高的甚至达85%。分析已有资料，人因事故大致分为如下几类。

1.设计建设缺陷

核电站须严格按照预定设计要求按期建设，但在建设过程中，设计者会根据实际情况再适时研究实验而变更部分设计，以逐步完成建设安装工作。然而，核电站实际建成运行后，也会出现部分事件事故，但多数是由于设计缺陷造成的，还有少数事件是由建设缺陷导致的。

2. 违反规定操作

核电站运行投产过程中，操作人员、安全监督员均须落实责任，按照既定规章进行操作。但在实际过程中，核电站操作人员会违反规定进行操作，操作人员也会因操作失误诱发事件的产生。

3. 规程管理欠妥

分析已发生的核电站事件，我们不难发现，有部分事件是操作人员在严格按照规定章程操作之后发生的。这是由于在制定规章制度时，遗漏了某些程序内容导致的操作人员发生的错误操作。另外，由于工作组织管理不够，工作现场与指挥系统的联系不及时、不明确，导致被动管理，不受约束。

三、核电站人因事故预防的策略

1. 采用成熟核电技术，高质量建设核电站

我国核技术的研发起步较国外发达国家晚，改革开放后，将核技术用于电力开发起步于秦山核电站的建设。随着改革的深化，我国加强同国外先进核电技术国家的合作。随着秦山核电站一期的建成运行，我国逐渐建立了完善的、有自主知识产权的核电发展技术，并应用于部分扩建、在建核电站。成熟核电技术是核电站安全运行的基础，而高质量的建设将为核电站安全运行提供重要保障。在苏联切尔诺贝利事故中，虽然人因是造成事故的重要诱因，但核电站设计的缺陷则是致命的。

2. 加强人员培训教育，落实安全责任

核电站的操作人员是电站正常运行的重要组成部分，在我国因操作人员失误或违规操作导致的小事件屡有发生，因而要加强核电站内技术操作人员、安全监督员的职业道德、爱岗敬业、忠诚企业的教育，强化核电站员工主人翁意识，树立安全责任意识，落实安全责任。另外，要借鉴已有教训，坚持科学分工，引导操作人员积极主动排查核电站内安全隐患。

3.健全管理规章,坚持科学决策

健全的管理规章制度是现代企业健康发展的重要保障。核电站的安全运行离不开健全的科学的管理规章,健全的规章可有效降低核电站人因事故发生的概率。面对突发事件,尤其是管理规章中遗漏所致的事件,要及时健全完善现有规章制度,补充完善操作流程和规章。另外,要坚持科学决策,完善突发事件应急机制,特别是在突发事件发生后,要妥善保障现场操作与指挥系统的及时沟通,以最大限度减少事件危害。

核电作为我国能源结构的有益补充,可有效降低化石能源消耗比例,为国民经济发展提供持续动力。然而核电站的安全始终是人类关注的话题,核电站的安全运行是发展利用核能的长久目标。面对核电站的人因事故,要做到长效预防,加强管理工作,自始至终把安全工作放在首位。

第五节　环境保护

随着经济发展,我国对电力需求在不断增长,大量燃煤发电对环境的影响也越来越大。电力工业减排污染物,改善环境质量的任务十分艰巨。我国目前70%左右的城市空气质量达不到新的环境质量标准,雾霾天气频繁发生,对交通运输、日常生活、人体健康等均产生严重影响,引起公众广泛关注和强烈担忧。核电是一种技术成熟的清洁能源。与火电相比,核电不排放二氧化硫、氮氧化物、二氧化碳和烟尘颗粒物等。发展核电代替部分煤电,可以减少污染物的排放,减轻地球温室效应,改善环境,实现能源与环境协调发展。

一、核电站对环境的影响

核电站对环境产生的影响有非放射性影响和放射性影响。非放射性影响主要是指化学物质的排放、热污染、噪声及土地和水资源的耗用等,类似火电站对环境的影响。核电站对环境的主要影响是放射性影响。电站核反应堆在运行过程中,由于核燃料裂变和结构材料、腐蚀产物及堆内冷却水中杂质吸收中子均会产生各种放射性核素。少量的裂变产物可通过核燃料包壳裂缝漏入冷却剂或慢化剂,进而排入环境。

核电站反应堆发生事故时，大量放射性物质会通过各种途径进入环境。反应堆排出的废液和废气中的放射性核素，通过各种途径，经过一系列复杂的物理、化学和生物的变化过程到达人体。

二、核电站对环境的保护

1. 核电站对环境辐射防护的规定

为了限制核电站向环境排放放射性物质的量，尽量减少对环境的污染和破坏，减少对人体的危害，发展核电的国家都制定了严格的标准。中国国家环境保护局于1986年4月23日发布了《核电厂环境辐射防护规定》(简称《规定》)。《规定》对核电站选址和正常工况及事故工况下的控制值分别是：核电站周围应设置非居民区，非居民区的半径(以反应堆为中心)不得小于0.5km。核电站非居民区周围应设置限制区，限制区的半径一般不得小于5km。核电站在正常运行工况下的剂量限值和排放量控制值是：每座核电站向环境释放的放射性物质对公众中任何个人(成人)造成的有效剂量当量，每年应小于0.25mSv。

2. 核电站“三废”处理设施的建设

核电站“三废”处理设施建设严格执行“环境影响评价”和“三同时”制度，“三同时”制度是环境保护设施与主体工程同步设计、同时施工、同时投产使用。

3. 核电站“三废”处理的要求

(1)将污染物质和地区控制在最小的范围内，所有的设备、管道、阀门、仪表等要求用耐腐蚀材料，而且要密封良好，以防止放射性冷却剂外泄；对可能泄漏的部位都设有引漏装置，放射性工作室的地面经过了特殊处理，并备有放射性废液收集地漏或地坑。各种放射性气体由专门系统收集处理；

(2)设有冷却剂净化系统、硼回收系统，以最大限度地复用净化处理过的物质；

(3)设置了废液、废气和固体废物处理系统，使排放的“三废”中的放射性水平低于国家规定标准。核电站实际“三废”排放仅为国家规定的1/1000～1/100 。

4.核电站“三废”治理的措施

为了减少核电站排放放射性物质的量，核电站排放的“三废”都要经过严格的处理。

(1)放射性废液，包括核电站运行时产生的工艺废液及洗涤废液，采用蒸发、离子交换、凝聚沉淀、过滤等方法处理。达到排放标准后，排放至江、河、湖、海。浓缩液及高放射性废液，经浓缩后固化贮存。

(2)放射性废气，包括来自一回路的除气过程的排气、废液蒸发、辅助系统的蒸汽以及其他除气过程的排气等，经过过滤、储存、衰减等过程，待其放射性水平达到允许值后，通过烟囱排入大气。

(3)固体废物，包括废液浓缩物、污染了的工具、衣物、净化系统用过的离子交换树脂等，按照它们的放射性水平高低分别装在金属桶或用水泥固化后放到废物库储存，并有严格的措施防止它们受到水的侵蚀而造成周围土地和水体的污染。

在核电站除完整的“三废”治理措施外，还要实行严格的环境管理，如对排出物的排放管理、监测制度以及对放射性废物的储存和运输的管理等，目的是把核电站的放射性对环境的影响尽量减少到合理的程度。

三、核电站对“三废”排放的监督

为保护环境免受污染、防止工作人员和核电站周围居民受到过量的放射性辐射，核电站在排出或再利用这些放射性废物之前，一定要采用必要的工艺对它们进行处理，经检测符合有关标准后再进行排放或回收再利用;地方环保部门还应对核电站的“三废”排放进行 24 小时不间断地同步监测。

在核电站内部装设有许多监测探头，一旦发生异常，中央控制室就会发生警报，值班人员就会及时采取应对措施。在核电站以外的几十米到几千米内都设有辐射监测点进行严密的监测。必要时监测车、监测船和航测飞机做流动巡回监测，取样分析空气、水、土壤中的放射性以及粮食、牛奶和海产品中的放射性水平。

2008年,国家海洋局相关部门开展了秦山邻近海域生态调查,并与1989—1990年和1995—1996年的秦山核电站邻近海域生态调查的结果进行了比较,结论认为:秦山核电站的运行没有给杭州湾海域的环境生态和水质带来可以察觉的变化。秦山核电基地10km范围内的12座监测站的监测数据表明秦山核电基地附近的自然环境放射性水平与建造前的本底数据相比没有发生任何变化。

利用核能发电是目前核能和平利用的最主要的方式。在正常运行情况下,核电站对周围公众产生的辐射剂量远远低于天然本底的辐射水平。大量的研究和调查数据表明,核电站对公众健康的影响远远小于人们日常生活中所经常遇到的一些健康风险,例如吸烟和空气污染等等。因此核电站在正常运行情况下的环境安全性已被人们广泛接受。

【思考题】

1. 简述核电站人因事故的预防管理策略。
2. 简述外照射的防护方法。
3. 简述核电站“三废”处理要求和方法。
4. 简述中国核电站消防工作的方针。
5. 简述核事故的分级标准。

第六章 核安全文化的推进

核安全是核电站的灵魂和生命。为应对核与辐射安全形势的新挑战,要全面提升核安全文化,强化核与辐射安全从业者法规意识,实现核与辐射安全监管能力和监管体系现代化,确保核电站的安全。

第一节 核安全的宣传教育

随着科学技术的发展,公众对事物的认识逐渐从感性转为理性,公众的支持程度已成为一项事业发展的必需条件。当前核电建设的积极推进也离不开公众支持,这就要把公众的宣传教育置于核电建设过程中的突出位置。由于核电科普及公众宣传工作的深度和广度不到位,并且核电决策透明度不高,公众对核电普遍抱有神秘感、恐怖感,从而导致某种程度上核电发展面临着“政府推进,百姓敏感;专家清,群众糊涂”的局面。一方面核电在能源布局中扮演着越来越重要的角色;另一方面公众对核电的了解程度还不能与大力发展核电的新形势相适应。

安全是政府、企业和公众关心的焦点。由于核的特殊性,在核电站除一般工业安全外,还需更加强调核安全。在核电建设和监管过程中,政府要广开渠道,加大核安全公众宣传工作的力度。

一、深入分析,增强核安全公众宣传的力度

核安全公众宣传教育存在着特殊性。随着我国法规体系的逐步完善,《环境保护法》《环境影响评价法》等法规要求,建设项目的环境影响报告书在报批前要通过论证会、听证会等形式征求公众意见。建设项目的

决策都应公开透明，核电建设项目也是如此。实际操作中，核电项目的论证会、听证会同其他工程项目一样，并没有强调其特殊性。实际上，核工业作为一个特殊的行业，一直由传统的计划经济主导其发展。核工业与核技术自诞生之日起就与军事发生着关系。从 20 世纪 80 年代末起，我国核工业开始转型。在转型过程中，秦山核电站、大亚湾核电站就是成功例子。但核工业始终没有摆脱计划经济的笼罩，长期遵循军工发展思路，缺乏与公众的交流机制，其中也包括核电项目。而核电作为特殊行业，公众参与项目决策的前提条件是卓有成效的公众宣传教育。核安全理念的宣贯使核电公众宣传具有特殊性。

核安全公众宣传教育存在着脆弱性。它包含着一种共识、感情和意向，是公众心理素质特征的具体表现。一般说来，从二战期间原子弹的爆炸到 20 世纪苏联切尔诺贝利事故以及美国三里岛事故，公众开始认识到核与辐射的危害性，逐渐有了一种核恐怖心理。在公众宣传教育中，应通过通俗易懂的描述推广核安全知识，倡导核安全文化，达到提高公众核安全意识、增强其安全接受心理的目的。在日本虽然出现过多次核事故，但公众接受心理并没有受到严重的挫伤，这要归功于多次卓有成效的核设施应急演习和日常的核安全公众宣传，以及从政府高官到普通公众对核安全普遍建立的正确的认识。在韩国设立“核安全”奖，开展核安全文化周活动，吸引大批公众参与。这些均是提高公众宣传力度，达到减少公众恐慌感的成功事例。

二、拓展渠道，提高核安全宣传教育的覆盖面

《环境影响评价法》是建设项目中公众参与的法律依据。宣传教育是公众参与的基础，核安全宣传教育的对象是公众，授体是政府部门和相关企业。各级政府应建立机制倡导核安全教育，核电企业应开拓渠道，加大投入，以加大对公众宣传教育的范围和力度。

核电企业是核安全宣传教育的最大受益方。因此核电企业要承担更多的公众宣传责任。众所周知，核电企业在公众宣传方面是不遗余力的，这使得公众理解支持核电颇有成效。核电企业，不论是处于运行、在建还是前期准备阶段，每年都会通过展览、报告会、报纸、电台、发放小册子和年历以及建立自己的网站等多种手段进行宣传教育，邀请核电站周围公

众参观企业，将核电企业作为爱国主义教育基地。相关学会也已出版了一批科普书籍，核安全公众宣传教育取得了一定的社会效应。但在实践中，企业的宣传教育仅仅局限于核电企业周围的公众，而又经常侧重于放大企业对当地经济的影响，这就偏离了公众宣传教育的基本目的。

各级政府部门应建立公众宣传教育机制，扩大社会覆盖面。核安全公众宣传教育须从立法层面制定有关法律程序，明确政府、企业等各个层面的职责。政府部门应当在公众参与的立法和程序方面下功夫，协调社会各方的利益关系，并利用自身权威性，加强公众宣传，提高公众的核安全意识，同时积极参与、组织、引导核电业主和投资集团以及社会各界，切实加强公共宣传及公众参与工作，应把核安全教育纳入公民教育中，使之成为国民教育的基础内容。

三、注重方式，把宣传教育全面引向深入

在 2007 年 10 月颁布的《国家核电发展中长期规划（2005—2020 年）》中明确了积极推进核电建设的方针。各级政府、专业人员和相关企业都在积极响应，并达成共识，已提出了相应具体的发展计划。但由于信息来源渠道不同，公众的认识与政府、企业、专业人员对核电站发展的认识出入较大。目前我国没有出现像欧洲绿党那样的组织，公开反对核电站建设，但也多次出现抵制核电站建设的声音。这种声音主要源于自身的利益，一是部分群众受频繁发生的工业安全事故影响，对核电站的安全性缺乏起码信任，二往往是与自身经济利益挂钩，担心因建造核电站而导致自身经济利益遭受损失。

针对核电的特点和公众对核安全认识的现状，在核安全公众宣传教育中，各级政府应起主导作用，发挥整个核行业的力量，针对不同群体，注意工作的深度和细节，把宣传教育逐步引向深入。

四、核安全公众宣传教育的措施

核安全公众宣传教育强调的不是理论性，而是实用性、通用性。应该通过各种手段提供必要的科学知识，增强宣传教育的吸引力，使公众对核安全概念有正确的认识。目前核安全公众宣传工作存在以下不足：一是有关法律法规的缺位；二是缺乏具体的工作程序和机制；三是各级政府和

企业投入不足，覆盖面小，政策透明度差，公众的知情权和参与决策权长期受到忽视。为此我们要：

（1）继续完善和补充核安全公众宣传和公众参与的法规和工作程序，明确主体责任单位，充分发挥核安全监管部门的权威性、公正性、专业性等方面的优势，使公众有接受宣传的渠道和参与其中的窗口。

（2）设立政府、企业、专业人员和公众之间交流的平台，建立良好的关系。公众的认识程度取决于他们对核电相关知识的掌握。由于信息来源渠道不同，公众对核电安全的认知与政府、企业、专业人员之间存在较大差距。需要设立一套长效机制确定沟通渠道。

（3）重新定位公众宣传教育是目前发展核电中的重要任务之一。应参考美国、法国、日本等公众宣传教育方面的机制与经验，应将其定位为：完成核电发展规划、使核电可持续发展的前提条件。

（4）公众宣传教育应做到：一是公开核电发展规划，强调核电建设决策中的透明度，拓宽公众获取信心的渠道；二是普及核能基本知识，公布核电运行的相关信息，提高公众安全意识；三是强调公众参与决策权。

核安全公众宣传教育是科学发展观“以人为本”的要求在核与辐射安全监管中的具体落实。对核与辐射安全监管部门来说，贯彻“以人为本”就要在保障公众安全的同时，也要让公众放心。相信通过有效的公众宣传教育，可以在一定程度上消除核与辐射给公众造成的敏感性，化误解为支持，变担心为欢迎，为促进核能开发与核技术利用又好又快又安全的发展，保障国家核与辐射安全，构建和谐社会做出贡献。

第二节　核安全文化的培育与实践

核安全文化的培育和推广是一个长期循序渐进的过程，不可采用急躁与冒进的做法。需要我们始终坚持“安全第一、质量第一”的安全思维习惯，并通过实践逐步摸索并制定出体现核安全文化的有效措施，这样才能时刻警惕可能危及安全的风险，安全文化也能不断得以巩固。

一、核安全文化的培育

核安全文化的培育过程从开始的被动接受阶段，到单位主动管理阶段，再到全员发挥自觉性、主动完善提高核安全水平的阶段，需要单位和个人不断从理念、制度、行为等各个方面进行培育。

核安全文化培育的总体要求是：培养“认真严谨、质疑求真、保守决策、沟通交流、公开透明”的理念、态度和作风，加强核安全文化的教育和培训，形成对核安全重要性的共识以及倡导核安全文化的氛围；制定切实可行的核安全文化建设规划，建立一套以安全和质量保证为核心的管理体系，完善规章制度并认真贯彻落实，为核安全文化的培育和推进提供足够的资源，形成核安全文化培育、评估和改进的有效机制；将核安全文化内化于心，外化于形，形成全员持续改进、追求卓越的自觉行为。

为了强化核安全文化的基本原则和要求，落实核安全文化的核心理念，核能与核技术利用单位要做出承诺，构建企业自身的核安全保障机构，将涉核单位的核安全文化培育状况、工作进展及安全绩效进行自评估，保证核安全文化建设在本单位得到有效落实。

从业人员则要对自身严格要求，养成一丝不苟的良好工作习惯和质疑的工作态度，避免任何自满情绪，树立知责任、负责任的责任意识，形成学法、知法、守法的法制观念，持续提升个人的核安全文化素养。

在行业内推行同行评估，鼓励开展核安全文化培育和实践的第三方评估活动，通过学习借鉴成功经验，及时识别存在的弱项和问题，并采取相应的纠正和改进措施。同时积极倡导提升核安全文化的价值观、基本理念、行为准则和良好实践。

二、核安全文化良好实践

国家核安全局经过多年的探索和实践，已经形成了体现核安全文化的一些基本理念。这些理念包括：核与辐射安全是国家安全的重要组成部分；“安全第一，质量第一”；核与辐射安全是最大的经济效益；核与辐射安全是核能与核技术利用事业发展的生命线；严格的安全监管是对被监管者最有力的支持；一切核与辐射安全监管活动都必须全面贯彻“独立、公开、法制、理性、有效”的安全监管原则；必须贯彻“认真、严谨、质疑、保守”的思想、态度和作风。

“严之又严、慎之又慎、细之又细、实之又实”的基本要求是核安全文化理念的重要组成部分。严，即坚持制度从严，切实做到凡事有法可依，杜绝制度漏洞;慎,即坚持安全第一、保守决策,必须将安全第一、保守决策的原则贯穿于核安全各个环节,落实于设计、制造、安装、调试、运行各个阶段,强化风险意识,加强风险管理,对安全隐患早发现、早控制、早解决,以审慎的态度做好核与辐射安全监管各项工作;细,即坚持精细管理,明确管理责任,定期检查,发现问题及时纠正,规范各项工作,规范各类监督检查程序并有效实施,注重细节,精益求精,不放过任何苗头,不留下任何隐患;实,即树立务实之风,监督检查要实,整改要求要实,跟踪问效要实,要强化督导,从严问责,力求实效。

我国国家核安全局高度重视经验反馈工作,开展了大量卓有成效的实践。针对运行核电站,1988 年发布了《核电厂的安全监督》(民用核设施安全监督管理条例实施细则之二),其中制定了核电站异常事件报告制度。1995 年制定并发布了《核电厂营运单位报告制度》,对运行阶段事件报告的准则、程序、内容和格式做出明确规定,提高运行事件报告效率,并依据该制度开展核电厂运行事件数据收集工作。2004 年国家核安全局修订了《核动力厂运行安全规定》,在经验评价、经验研究、国内国际信息共享等方面对营运单位的运行事件分析及经验反馈工作提出更明确具体的要求。2012 年国家核安全局发布了《运行核电厂经验反馈管理办法》,确立了国家核安全局运行核电站经验反馈体系的框架,明确了参与经验反馈体系的相关单位和职责分工,为经验反馈体系建设奠定了基础。

我国运行核电站在建立核安全文化实践中,逐步摸索并制定了许多体现核安全文化的有效措施,这些措施是对质量保证工作的有力补充,也有可能上升为实现核安全管理目标的控制要求,现对部分措施和做法举例如下:

(1)自我检查。自我检查是指员工在执行一项工作前对整个工作进行清醒的思考,在工作中进行正确的执行,并在工作后对预期响应进行审查。使用自我检查这一工具的常用方法是“STAR”方法,可分为 Stop(停)、Think(思)、Act(行)和 Review(审)四个步骤。

(2)监护。在我国实践中,监护有两个含义:一是指在执行某个具体行动之前和期间,由两名员工(一人是操作执行人,一人是操作监护人)在同一时间和地点共同执行同一任务,其中一人操作,一人同步确认;二是指在在岗培训或影子培训中,培训负责人对被培训者的控制、指导和保护。

(3)独立验证。将工作员工分为执行和验证两个小组,先后派出执行同一任务,后派出的小组对先前派出小组的执行结果加以确认。

(4)“三向”交流。核安全领域质量保证是基于文件管理的,而在管理实践中发现,口头交流也不能放任自由,也应给出控制要求。因此,运行核电站广泛使用“三向”交流管理措施。

(5)遵守程序。从安全文化的角度看,对活动承担者使用程序增加了附加要求。比如对使用程序方法中的分类管理方法和对停止使用程序的要求等。

(6)工前会。工前会为在执行一项任务/工作之前,相关工作员工之间要进行的面对面的准备会,以便清楚地理解任务目标、范围、风险、安全要点、防护措施、应急预案活动,保证有效完成工作任务。

(7)工后会。工后会一定由活动承担者主持,所有参与活动和受到活动影响较大的员工,包括有关工作的计划员工,都应该参与工后会的讨论,以确保对讨论内容得到更完整全面的理解。

(8)当面工作交接。当面工作交接时要用标准化的方式传递信息。交接地点应选在有利于讨论且距离工作地点足够近,以方便采取行动的地点。当面工作交接包括员工、班组、部门、不同单位之间的交接。

(9)管理者的巡视。一般的组织管理者巡视的主要任务是:对现场的情况进行判断,对管理层和执行层的工作进行督促,了解其对程序的意见。

核安全文化的培育是一个长期的持续改进过程,应持续不断开展评价和改进。核能与核技术利用单位须制订切实可行的核安全文化建设规划,并把它作为常设的工作任务加以推进;定期对本单位的核安全文化建设状况、工作进展及安全绩效进行全面审核,及时纠正可能存在的偏差,并适时提出新的更高的要求,不断把核安全文化水平引向新高度。在核能与核技术利用行业推行同行评估,鼓励开展核安全文化培育和实践的第三方评估活动,及时识别核安全文化建设方面存在的弱项和问题,并采取相应的纠正和改进措施。

第三节 核安全文化的评估

核安全文化的评估由两部分组成。第一部分是考核涉核单位组织内部的安全管理的机制是否健全，对应核安全文化的有形导出。第二部分是评估各级员工对自己所在的单位和组织的安全管理机制的态度，即用文化建设来保证员工能够自愿发挥主观能动性把安全工作做好。

我国在引进世界先进核电技术的同时，一并搭载引进核安全管理机制，因此我国核电整体安全管理机制也基本与国际先进经验同步接轨，相对核安全文化建设，核安全管理机制更容易定量实现，一般核安全管理机制在核设施运行许可证发放前，都已建成且通过验收，在核设施正常运行情况下，一般不作为核安全文化评价目标的内容。核安全文化评价的目的重在促进核安全文化软件要素的建设，核安全文化的现实目标是通过评估涉核单位的安全文化状况，找到强项与改进项，向涉核单位管理层提供纠正行动建议，用以提高或保持现有良好的核安全状况与安全水平。

一、核安全文化的特征和指标

1. 核安全文化的主要特征

国际原子能机构总结了组织良好的核安全文化的 5 项主要特征：①安全已成为一种公认的价值；②安全事务的管理者是明确的；③承担安全的责任是明确的；④安全已落实到组织所有的活动；⑤安全已成为一种学习的动力。

2. 核安全文化指标

在国际核安全咨询小组《安全文化》(INSAG-4)附录中提出了“核安全文化指标”，分别对政府及其部门、营运单位、研究单位和设计单位的不同层次的人员详细地提出了应当做出的承诺和应当达到的要求。

二、评价安全文化的方法

1. 全厂巡视和文件检查

按照评价安全文化的方法(ASCOT),评价核动力厂,核安全文化评价小组对核安全文化的评价是从最基础的全厂巡视和文件检查开始的。

(1)全厂巡视。全厂巡视包括:①出入控制(效率和有效性);②工厂的一般状况(泄漏、照明、标牌等);③厂房管理(垃圾及储存区域清洁程度等);④防护设备的使用(工作帽、护耳、个人剂量片的佩戴,警告标志的使用);⑤控制室人员的警觉和戒备程度;⑥规章和手册的可用性(控制室和核电站范围)。

(2)文件检查。文件检查包括检查:①值班日志和相应的文件;②运行和维修记录;③未解决的核电站缺陷与文件修改数量;④是否制订了重大安全有关活动的培训计划;⑤是否制定了(公司或法人)安全政策;⑥安全政策与安全文化概念的一致性;⑦核电站有关程序的政策及程序的遵守情况;⑧规定关键安全责任的文件;⑨组织机构图;⑩公司安全审评委员会的建立情况,包括议事日程、专家组成和核电站管理层的介入。

2. 个别访谈

在基础的全厂巡视和文件检查之后,安排与工作人员的个别访谈和讨论,或采用调查问卷的形式,其内容按照评价安全文化的方法(ASCOT)导则列出的关于核安全文化的指标和提问的各项进行安排,包括经过核安全文化评价组织讨论确定特别重要的项目。

核安全文化评价组织把讨论和谈话的注意力集中在对组织和员工的态度及与核安全文化相关的问题上,而不是在规程和工程系统的技术内容上。通过个别访谈后得出对组织核安全文化建设水平的主要评价和基本结论。

3. 评价

评价就是对核安全文化抽象概念所导出的具体表现进行确认,评价的基础是收集到的在国际核安全咨询组织(INSAG)的附录和评价安全文化的方法(ASCOT)导则中列出的与核安全文化特征相关的信息。因为核安全文化的抽象概念和其具体表现的联系不是唯一的,例如,一种品质或观念(抽象概念)通常影响若干种行为(具体表现),同时几种不同的品质和观念会对一种可察觉行为产生影响,要确切确定抽象概念和具体表现两者之间的联系程度是十分困难的事情,因此就给恰如其分的评价带来了困难。但是,只要仔细地进行调查、分析,基本正确的评价是可以保证的。

对核安全文化的评价特别要注意到许多"鲜活"的方面。例如,对一个单位的监察工作进行评价,既不能仅局限于文件的层次,又不能只针对监察部门的监察计划、监察报告和已实施改正行动的批准书等进行评价,还有许多其他方面要进行评价,包括那些被监察的部门是否认为监察人员具有足够的技术能力,经理们是否支持对本部门工作人员进行监察,等等。

对核安全文化的评价还要注意另一个核安全文化的重要特征,即致力改进的愿望。对当前现状的质询态度和追求改进的倾向,是否与管理层对这一进程的支持和承诺相结合,也是核安全文化的重要表征。例如,当核电站的安全绩效达到一定水平时,核电站的管理层不应该认为在安全管理方面已经没有改进的余地了,这是自满,因此对必不可少的改进计划进行评价时,要注意以下可能的方面:培训、技术进步、试图预见风险、核电站的改善和运营的改进等。

4. 评价报告

在评估的结尾,核安全文化评价组织要给出一份简明扼要的评价报告。评价报告应明确指出核安全文化建设水平是良好的或是应当加强的,并指明应当加强的地方。可能的话,评价报告应给出具体的建议,来指导核电站管理层加强和着手必要的改进。评价报告应指出可被其他核电站采纳用以达到有效核安全文化建设的良好工作实践,来促进核安全文化的发展和推广。评价报告应避免给出有关比率、等级的建议和与其他核电站相比较,事实证明它们都不是好方法。

三、美国核电运营学会评价体系

1. 评估过程

评估活动包括问卷调查，少量的现场文件和资料审查、访谈和观察。核安全文化评估所需的大量信息来自访谈和问卷调查。评估分如下四部分进行：

(1)从核电站近期历史中预先筛选数据进行审查。文件审查为评估活动的重要领域之一。

(2)预评估调查——向员工发送电子版的核安全文化调查问卷。调查数据用于帮助对访谈回答进行理解和现场观察情况。

(3)访谈和观察——评估最重要的方式是访谈和现场观察。大量的现场观察、会议或其他活动一并被安排。每一次访谈和现场观察都围绕世界核电运营协会卓越核安全文化八大原则和特征进行。在评估周内，每一个观察和访谈结果都将有相应的评价结果：+、—、0，任何一个包含大量"—"的特征都将进行有效分析和讨论。在评估周内，将与核电站管理层对初步的结果和纠正行动建议进行沟通，重点突出、最受关注的问题必须保证得到充分讨论。

(4)结论和纠正行动建议将在最终评估报告中发布。在离场会上，重要的强项和待改进项将交与领导层一起讨论，包括所需的纠正行动建议。

2. 准备纠正行动建议和最终报告

在评估活动离场会上，将提供给核电站管理层一份初步评估。队长和受评单位人员将在离场会之后大概四周内提供一份最终评估报告。最终评估报告需得到经评估队成员一致认可。

3. 最终评估报告至少包含的内容

(1)一个包含了八大原则累计得分表的综合评估摘要。

(2)根据八大原则对评估结果进行分类。①纠正行动建议；②报告摘要；③背景介绍；④评估方法；⑤评估结果；⑥针对之前核安全评估得出的弱项的后续行动；⑦评估期间证明组织特性的记录；⑧纠正行动建议摘要;⑨核电站可能要求评估机构关注的相关问题,例如工业安全,这些问题应该单独处理。

四、我国核安全文化评价实践

参考国际上主要核国家核安全文化评价经验,国家核安全局鼓励核能和核技术单位通过同行评估、自评估等方式对单位自身核安全文化建设状况、安全工作进展及组织和个人的安全绩效进行全面考核。鼓励开展核安全文化建设对标活动,及时识别本单位弱项与须改进项并采取相应的纠正措施,提高核安全文化建设水平。

近年来,中核集团和中广核集团在各自的运营公司试验性开展了核安全文化的评估工作,取得了一些宝贵的实践建设经验,推动了我国核安全文化建设向深层次发展,从而保障了核电的安全高效发展。

同行评估作为行之有效的科学管理手段,对促进在建核电工程与运行核电管理水平的全面提升发挥着积极作用。我国核电行业的同行评估起步较早,一般采用直接接受国际原子能机构的运行安全评估组织(OSART)和世界核电运营协会(WANO)的同行评估。这些评估在我国核电发展初期收到良好效果,但随着我国核电规模的扩大与运营时间的增长,评估不能完全反映真实情况,评估效果起不到应有的作用。发展我国自己的同行评估体系成为业内共识。在此基础上,由政府主管部门推动,我国建立了由中国核能行业协会主导的国内核电站同行评估体系,组织国内同行自主开展核电行业的同行评估活动。近年来,同行评估方法在我国核电行业有所发展和创新,覆盖面逐渐扩大,核安全文化的同行评估也逐渐被各个运营单位接纳与认可,并进行得有声有色。

【资料链接】

秦山核电站和大亚湾核电站核安全文化自评估的实践

1.秦山核电站核安全文化自评估的实践

秦山核电站是中华人民共和国核电行业的"长子"。1986 年,秦山核电站发生了“杜拉事件”,这使秦山核电站的决策层和管理层深刻领悟到“核无小事”和“安全第一”的重要性,他们开始在技术上吸取经验教训,改进设计,在管理上加强学习和培训,但当时还没有“核安全文化”的概念。接着 1992 年和 1998 年又分别发生了“T4 事件”和“T6 事件”,这一系列事件的出现,暴露了我国核电站在管理水平和安全意识方面还存在着许多问题。痛定思痛,在中核集团核电站共性项目管理委员会的领导下,秦山核电站开展了我国首次核安全文化评价工作,并取得了卓有成效的实践经验,为我国核电行业安全健康发展树立了信心。

(1)建立了一套完整的安全业绩指标

在评估实践中,秦山核电站建立了一套安全业绩指标。该性能指标体系在结构上分为两个层次:第一层次为电站管理总体指标(其中包括 WANO 指标);第二层次为各领域具体的电站性能指标,将总体指标分解到各部门,作为具体领域的控制手段。秦山核电站性能指标分为 7 个一级指标、24 个二级指标和 96 个三级指标。通过指标管理在核安全、机组运行、维修和技术支持、安全与保卫、辐射与应急、人员绩效和安全文化等方面对整个运行电厂性能进行评估,同时对电厂性能指标管理体系的运作进行评价。其中安全文化一级指标下有 2 个二级指标(质量保证监察和自我评审)和 7 个三级指标。公司对电厂性能指标进行统计分析并考核完成情况,通过对该层次电厂性能指标的分析评估,为达到公司总体指标提供指导,从而让全体员工关注安全、关心电厂,全面提高电厂管理水平,提高电厂的业绩。

(2)健全了组织和制度保障体系

电厂先后设立了质量保证部门、核安全执照部、保健物理部、保卫部等职能部门,负责核电站的质量保证、核安全、工业安全、防护安全、实体保卫和消防安全管理。一方面,保证了核安全法规和技术规格书的严格遵守和执行;另一方面,保证了国家核安全局颁发的许可证和核安全管理要求得到及时、有效的落实。设立了运行安全委员会,作为确保核电站安全生产的独立审查机构,用来独立审查影响核安全的重大事项,分析和评定核电站安全运行有效性;根据法规、技术文件和运行经验,结合电厂实际,向决策层提出改进核电站安全运行的建议。最后,秦山核电站还制定了《秦山核电站运行质量保证大纲》,进一步完善了安全质量体系。

(3)持续实施核安全文化的培训与宣传

重视核安全文化的培训与宣传工作，一方面，秦山核电站定期开展培训班、研讨会、安全技能竞赛等多种多样的活动，用来宣传安全文化知识，讲授安全科学技术、传播应急处理方法和自救技能，使广大核电员工从多渠道、多层次、多方面受到安全文化熏陶。秦山核电站也针对秦山核电站各层管理人员，进行《卓越核安全文化的八大原则》培训。另一方面，秦山核电站还多次派遣高级管理人员参加IAEA、WANO等机构或组织召开研讨会等活动，并及时把国际上有关安全文化的最新概念和成果引入秦山核电站安全文化建设体系。

(4)开展人因管理，注重员工对安全的贡献

2008年经过WANO同行评估后，秦山核电站《人因管理大纲》被正式批准生效，秦山核电站开始进行系统化的人因管理体系建设。2009年，建立了人因管理组织机构并成立人因工作促进小组，使人因管理工作得到有力的组织保障。坚持以人为本的管理理念，注重员工对安全的贡献，对在核安全方面做出贡献的员工进行表彰。

(5)完善核安全评审体系，注重经验反馈

2002年秦山核电站参照WANO评审标准率先推出了自我评审体系，并成立了秦山核电站自我评审委员会，用来审查运行机组在管理、运行、维修、安全等方面的不足。注重经验反馈，建立经验反馈制度，其中包括内、外部经验反馈，事件外报，信息共享，大修经验反馈和经验反馈工程师管理，等等。从而保障了经验反馈工作的有据、有序开展。秦山核电站不断吸取并充分利用国际上同行的实践和成功经验，提高了机组的安全、稳定运行水平，开创了我国核安全文化评价先河。

2. 大亚湾核电站核安全文化自评估的实践

大亚湾核电站建于1986年，正值苏联切尔诺贝利核电站发生事故，结合1979年美国三里岛核事故的教训，大亚湾核电站的建设经受了来自当时境外反核力量和公众对核不了解而产生的恐惧的压力，促使我国相关各级领导对核电站安全的关注与重视，实践了安全文化中的决策层、领导层的“承诺”，通过多年的实践，大亚湾核安全文化建设硕果累累，可圈可点。

(1)取得安全文化观念上的重视与突破

第一,"安全第一"的理念逐渐深入人心。第二,人人都是一道屏障,每个员工都树立对核安全高度的责任感。第三,高度透明与经验反馈。第四,主动找问题。总体实现核安全管理从制度化向自觉行动的转变。

(2)建立健全的安全管理机构

设立了安全质量保证部和核安全委员会,使核安全文化建设有了组织保障。

(3)制定了电站核安全政策、目标、安全规章制度和质量保证管理程序

制定了一套"安全生产质量管理手册"(PQOM),规定了电站的组织机构、职责分工、技术活动管理、质量控制与质量保证等方面的政策与要求,将核电站一切活动置于有效的质量控制监督之下。

(4)建立了一套核安全文化考核指标体系

核电站采用目标管理的方法,结合国际核电站的管理实践,制定了一套"安全文化"量化管理指标体系,定量地反映电站安全文化的实际状况与变化趋势,有效地推动了大亚湾核电站核安全文化建设。

(5)管理者严于律己、以身作则

电站管理层每年均须接受与普通员工同样的核安全资格培训;在各种场合,管理层都要强调安全第一,提倡风险分析,保守决策。核电站定期对在核电站安全方面做出重大贡献的员工进行表扬和奖励。

(6)对员工安全知识、安全行为的高标准和严要求

第一,不断加强培训,培养员工严格遵守程序的工作习惯。第二,选拔安全技术顾问、运行操纵员和高级操纵员等其他关键岗位员工时,制定了一套严格的安全知识与安全行为标准,同时考虑生理与心理等综合方面的因素,只有通过考核的人员才能担任这些岗位。取得核安全资格的人员,每年须接受复训。对严重违反安全的行为,相关人员将被追究责任并给予处罚。

(7)经验反馈

针对核电站出现的设备故障和人因失误,及时分析出问题的根本原因,制定合理的纠正行动,并逐项落实。从其他国家和地区的核电站发生的事件中,吸取有利于本厂的经验,防止类似事件在本厂的发生。

(8)建立核安全文化自我评估体系、不断自我完善

建立一套安全管理标准，定期开展自我评估，以不断发现管理上的弱点。对发现的问题，电站有一套完整的根本原因分析方法与核跟踪改进体系来保证安全管理业绩的持续提高。

(9)广泛宣传

通过各种形式的安全文化的宣传，创造并维持良好的舆论氛围，形成一种无形的约束力量，鼓励良好的行为与习惯，反对不良意识与行为习惯。

总之，大亚湾核电站全体员工对核安全文化认识不断深入，自觉遵守核安全各种管理制度，完善自我安全行为，使大亚湾核电站的安全业绩得到显著提高。

第四节　核安全文化的继承和发展

核安全文化是核与辐射安全事业的灵魂，是核行业每一个从业人员的基本价值观。核安全文化水平关系到从业人员的前途与命运，关系到行业的可持续发展，关系到国家的核能“走出去”战略的实现，甚至关系到国家安全总体目标的实现！

一、核安全文化的继承

我国核安全文化不是孤立的，它扎根于国际社会民族文化的土壤，吸纳了国际组织和各国先进的核安全文化理念，与我国社会文化相互交融，继承和弘扬了我国传统的民族文化，并汲取了其他领域安全文化的精髓。

二、核安全文化的发展

我国核安全文化伴随着我国核工业的起步而生，60 多年的积淀与发展，使全行业整体的核安全文化素养得到了全面发展和进步，特别是国家核安全局成立 30 多年以来对核安全文化不断进行建设和培育，陆续提出了一系列要求，采取了系统性的举措，收到了预期的效果。今天的核安全局面来之不易，是诸多努力和汗水换来的，也是由许多教训和错误换来

的，因此，要重视今天的成果，更要巩固所取得的成果。

同时也要看到，我国核安全文化不是一成不变的，是随着我国核能与核技术利用事业的发展、核安全形势的变化而不断改进完善的，需要随着我国核与辐射安全监管实践的逐步深入而不断丰富、发展和提高。福岛核事故后，国际核安全形势日益严峻，国际国内的反核活动时有发生。核安全文化水平的高低，将决定这个行业、这个系统的生死存亡。而我国能源结构的调整方向不可逆转，核能发展的速度和规模只会比规划的目标更快更大，核技术发展的势头更加迅猛，不同技术储备和文化积淀的单位与企业入行发展，这对我国核安全的挑战将是前所未有的，我国核安全监管系统面临的压力同样前所未有。需要用发展的眼光、更高的要求来建设和培育核安全文化体系，充分发挥政府、社会、行业的综合力量，通过培训、实践、监督等有效手段，把核安全文化培育工作做实，把核安全文化评价工作做好。

三、核安全文化的创新

我国核安全文化适应我国国情并服务于产业发展和社会进步，需要因地制宜，通过扎实的工作、具体的行动、规范的程序，持续提高整体核安全文化水平，并根据我国国情的发展和不同阶段的核安全保障任务的要求不断发展创新，充分发挥服务功能，为持续保障核安全提供有力保障，进而促进核事业创新发展。

国家核安全局坚信在大家的重视和努力下，落实好“安全第一，质量第一”的基本方针，遵循核安全文化的基本原理，充分结合各单位的实际，把核安全文化的要求落实到日常工作的每一个环节中，我们的核安全实践就会越来越好。

【思考题】

1. 如何培育核安全文化？
2. 核安全文化评价的方法有哪些？
3. 如何进行公众核安全教育？

附录　中国已建、在建的核电站

（截至 2015 年年底）

核电站		机组	装机容量（万千瓦）	技术来源	反应堆类型	所在地	状态
秦山核电站	一期	1 号机组	31	中国	压水堆 CNP300	浙江	运行
	二期	1 号机组	65	中国	压水堆 CNP600		运行
		2 号机组	65	中国	压水堆 CNP600		运行
	二期扩建	3 号机组	66	中国	压水堆 CNP600		运行
		4 号机组	66	中国	压水堆 CNP600		运行
	三期	1 号机组	72.8	加拿大	重水堆 CANDU6		运行
		2 号机组	72.8	加拿大	重水堆 CANDU6		运行
	一期扩建（方家山）	1 号机组	108.9	中国	压水堆 CPR1000		运行
		2 号机组	108.9	中国	压水堆 CPR1000		运行
大亚湾核电站		1 号机组	98.4	核岛法国 常规岛英国	压水堆 M310	广东	运行
		2 号机组	98.4	核岛法国 常规岛英国	压水堆 M310		运行

续表

核电站		机组	装机容量（万千瓦）	技术来源	反应堆类型	所在地	状态
岭澳核电站	一期	1号机组	99	中国	压水堆M310	广东	运行
		2号机组	99	中国	压水堆M310		运行
	二期	1号机组	108.6	中国	压水堆CPR1000		运行
		2号机组	108.6	中国	压水堆CPR1000		运行
田湾核电站	一期	1号机组	106	俄罗斯	压水堆VVER1000	江苏	运行
		2号机组	106	俄罗斯	压水堆VVER1000		运行
	二期	3号机组	106	俄罗斯	压水堆VVER1000		在建
		4号机组	106	俄罗斯	压水堆VVER1000		在建
	三期	5号机组	111.8	中国	压水堆CPR1000		在建
		6号机组	111.8	中国	压水堆CPR1000		在建
红沿河核电站	一期	1号机组	111.9	中国	压水堆CPR1000	辽宁	运行
		2号机组	111.9	中国	压水堆CPR1000		运行
		3号机组	111.9	中国	压水堆CPR1000		运行
		4号机组	111.9	中国	压水堆CPR1000		在建
	二期	5号机组	111.9	中国	压水堆CPR1000		在建
		6号机组	111.9	中国	压水堆CPR1000		在建
宁德核电站	一期	1号机组	108.9	中国	压水堆CPR1000	福建	运行
		2号机组	108.9	中国	压水堆CPR1000		运行
		3号机组	108.9	中国	压水堆CPR1000		运行
		4号机组	108.9	中国	压水堆CPR1000		在建
福清核电站	一期	1号机组	108.9	中国	压水堆CPR1000		运行
		2号机组	108.9	中国	压水堆CPR1000		运行
	二期	3号机组	108.9	中国	压水堆CPR1000		在建
		4号机组	108.9	中国	压水堆CPR1000		在建
	三期	5号机组	100	中国	压水堆HPR1000（华龙1号）		在建

续表

核电站		机组	装机容量（万千瓦）	技术来源	反应堆类型	所在地	状态
阳江核电站	一期	1 号机组	108.6	中国	压水堆 CPR1000	广东	运行
		2 号机组	108.6	中国	压水堆 CPR1000		运行
		3 号机组	108.6	中国	压水堆 CPR1000＋		运行
	二期	4 号机组	108.6	中国	压水堆 CPR1000＋		在建
		5 号机组	108.6	中国	压水堆 CPR1000＋		在建
		6 号机组	108.6	中国	压水堆 CPR1000＋		在建
台山核电站	一期	1 号机组	175	法国	压水堆 EPR		在建
		2 号机组	175	法国	压水堆 EPR		在建
防城港核电站	一期	1 号机组	108.6	中国	压水堆 CPR1000	广西	运行
		2 号机组	108.6	中国	压水堆 CPR1000		在建
	二期	1 号机组	100	中国	压水堆 HPR1000（华龙 1 号）		在建
昌江核电站	一期	1 号机组	65	中国	压水堆 CNP600	海南	运行
		2 号机组	65	中国	压水堆 CNP600		在建
三门核电站	一期	1 号机组	125	美国	压水堆 AP1000	浙江	在建
		2 号机组	125	美国	压水堆 AP1000		在建
海阳核电站	一期	1 号机组	125	美国	压水堆 AP1000	山东	在建
		2 号机组	125	美国	压水堆 AP1000		在建
石岛湾核电站	一期	1 号机组	20	中国	高温气冷堆		在建
中国实验快堆			2	中国	钠冷快堆	北京	运行
清华大学高温气冷实验堆			1	中国	高温气冷堆		运行

说明：表中未包括我国台湾地区的资料。

图书在版编目（CIP）数据

核电站安全文化 / 马加群，李日主编. —杭州：浙江大学出版社，2018.2(2023.1重印)
ISBN 978-7-308-17977-5

Ⅰ.①核… Ⅱ.①马… ②李… Ⅲ.①核电站—安全文化—教材 Ⅳ.①TM623.8

中国版本图书馆CIP数据核字(2018)第029435号

核电站安全文化
马加群　李　日　主编

责任编辑　葛　娟
责任校对　汪淑芳
封面设计　续设计
出版发行　浙江大学出版社
　　　　　(杭州市天目山路148号　邮政编码310007)
　　　　　(网址:http://www.zjupress.com)
排　　版　杭州青翊图文设计有限公司
印　　刷　广东虎彩云印刷有限公司绍兴分公司
开　　本　710mm×1000mm　1/16
印　　张　8.75
字　　数　148千
版 印 次　2018年2月第1版　2023年1月第5次印刷
书　　号　ISBN 978-7-308-17977-5
定　　价　25.00元